中国乡村创新与多样化的
新希望小学建筑

范懿 著

天津大学出版社
TIANJIN UNIVERSITY PRESS

图书在版编目（CIP）数据

中国乡村创新与多样化的新希望小学建筑 / 范懿著
. -- 天津：天津大学出版社，2022.3
ISBN 978-7-5618-7127-0

Ⅰ.①中… Ⅱ.①范… Ⅲ.①小学—教育建筑—建筑
设计 Ⅳ.① TU244.2

中国版本图书馆 CIP 数据核字 (2022) 第 012313 号

ZHONGGUO XIANGCUN CHUANGXIN YU DUOYANGHUA DE

XIN XIWANG XIAOXUE JIANZHU

出版发行	天津大学出版社
地　　址	天津市卫津路 92 号天津大学内（邮编：300072）
电　　话	022-27403647
网　　址	www.tjupress.com.cn
印　　刷	北京盛通印刷股份有限公司
经　　销	全国各地新华书店
开　　本	210mm × 285mm
印　　张	14
字　　数	328 千
版　　次	2022 年 3 月第 1 版
印　　次	2022 年 3 月第 1 次
定　　价	78.00 元

目 录

目 录

导言

近年来，随着中国经济的高速发展，人民的生活水平得到很大提高，但是随之而来的还有社会贫富差距增大，城市和乡村的学校之间的教育发展水平失衡、师资力量与学校硬件设施落差扩大等问题。另外，虽然长久以来偏重知识传授的应试教育是学校教育的中心指导方针，但是在自 20 世纪 80 年代后半期开始实施的教育改革中，强调学习自主性与创造性的素质教育作为教改方针得到全面推进[注 1]。然而，一方面，我国学校建筑仍以标准化的设计为主流[注 2]，在作为素质教育实践场所的学校建筑中，并没有出现很多像美国、日本教育设施中的那种开放式学校以及灵活多样的少人数学习空间、多目的空间或学习角等开放空间。另一方面，近 15 年来，在外部建筑师和 NGO（Non-Governmental Organization，非政府组织）、慈善团体等组织的共同协助下，我国乡村地区涌现出城市中不多见的、与以往希望小学不同的、具备多样性和个性的学习空间的且提倡与当地社区合作的新的希望小学。其中，不乏汶川地震[注 3]、玉树地震[注 4]等灾后重建的学校。那么这些新的希望小学的建筑空间到底具备哪些具体特征？为什么这些颇具特色的小学能够在乡村地区建设而成？这些学校建筑的实际使用现状如何？它们给教育活动和当地的教育带来了什么样的影响？这些新的希望小学又与当地社会有着什么样的关联性？这些学校在后期运营和管理上有哪些特殊之处？这些学校的建设和改变教育的不均衡和赈灾复兴之间有什么样的关联？

本书将围绕上面的 7 个疑问，以近 15 年来，在我国乡村和偏远地区新建起的 31 所具有创新意义的特色学校建筑实例为主要研究对象，对其建筑空间设计、设计建设过程、空间使用现状以及学校后期的运营管理等进行详细的考察论述。首先，本书对作为研究背景的我国学校建筑的发展变迁概况、教育不均衡发展的现状、素质教育的概况以及可以被理解为在乡村开展的素质教育——乡土教育的概况进行了探讨。其次，简要阐述了教师和建筑师眼中的城市中小学建筑设计的问题，诸如素质教育的实施现状及其空间使用现状、各设计机构中的学校设计的现状与问题以及适应素质教育的学校空间等。这也是本书研究的起点和契机。再次，结合案例分析，在对乡村中新的希望小学的设计理念、空间构成、建筑材料和构造的特征进行探讨的同时，对其设计与建设过程，学校对教育与当地社区产生的积极影响，以及在项目成立、建筑设计、施工建设和后期使用等方面存在的值得注意和需要改善的问题等进行了研讨。复次，通过对个别特色案例学校的教育活动和运营管理现状的考察初步探讨了学校运营新模式的产生。最后，在对以上的研究内容进行总结的基础之上，针对以各地区的特征与特色为核心的、同时既具有多样性又可供选择的次世代学校（未来学校）的模型——"共生学校"的教育课程活动以及支持开展这些教育活动的建筑空间设计和设计建设过程等给出初步的方案建议。本书通过对乡村小学的一系列的调查和研讨，想要达到以下几个目标：一是尝试改变城市与乡村之间的学校硬件设施条件、建筑空间以及教育发展水平的不均衡问题；二是为摆脱标准均一化的学校设计，提供具有

多样性和创造性的教育机会和空间设计的参照模本；三是为可以培养乡村振兴和本地文化、产业的传承与发展所需的本地人才的未来学校建筑模型的确立提供一个参考；四是通过研究利用灾后重建机会而建成的具有地域性、民族文化特色、产业特征的学校建筑，尝试将所得的相关经验和知识推广到世界其他地区。

在我国，有关中小学建筑设计的研究开始于 1987 年左右[注5]，至今已累积了颇多的研究成果，然而其中与素质教育相关联的研究相对来说却较少[注6]。另外，有关近年在乡村地区建设起来的特色希望小学建筑的先行研究也很少，主要以个别案例的介绍或以地域性和可持续性为着眼点而进行的研究为主。个别案例的介绍[注7]主要停留在对学校设计理念、手法的介绍或者是对建筑空间、材料、构造等方面的论述。在着眼于地域性的研究中，研究者[注8]在列举案例的同时仅提及了其建筑设计的特征与当地文化的关联性。在关注可持续性的研究中，有研究者[注9]通过对乡村学校的案例分析，介绍了其在风力或太阳能等自然能源的利用方面的情况。本书主要以现行研究中还没有涉及的有关学校的设计建设过程、学校的实际使用现状和学校对教育活动与当地社会的影响为研究中心，对近 15 年来建设的颇具创新意义的特色乡村小学进行综合性和囊括性的考察和分析。因此，本书着重于两个方面：一是这些新的希望小学带来的丰富多样的可以实践素质教育活动的建筑空间（第 2 章），以及其不同于城市学校的具有创造性的学校设计建设过程（第 3 章）；二是这些学校的多样化空间为素质教育活动的开展带来的积极影响，其开展的与当地社会的文化、产业发展息息相关的新的教育活动以及村校之间的互动协作活动（第 4 章）。

本书是笔者对近 10 年来的研究成果的一个总结，其中也包括在日本九州大学求学时撰写的硕士和博士学位论文的部分内容。本书在探讨了具备多种意义的学校建筑的同时，还对这些学校的建设与诸如建筑师的社会责任，多方协力合作的参与式设计建设过程，灾后学校重建问题，乡村振兴、留守儿童、产业衰退和居住环境的落后等地域性问题的解决等各种社会命题之间的关联性进行了论述。另外，本书还从隶属于建筑领域的学校建筑设计这一专业角度出发，讨论了其与其他众多领域例如教育、行政、慈善、城市社区和村落发展规划等之间的深层的联系。因此，本书的出版意图不仅仅是在我国正积极实施乡村振兴这一大环境下为建筑设计师提供一个以改变城乡教育发展不均衡、灾后复兴为目的的学校设计方面的指南，还为建筑界、工程建设界、教育界、政界、慈善界等的相关人员，关心子女教育的家长，以及社区居民与村民等，在进行教育方针政策的制定、学校设计规范的修订、学校设施的建设、社区与乡村建设、择校等活动的时候，提供有用的多元化的信息指导。所以，本书并不只是一本建筑专业范畴内的学术书籍或教科书，而是可以应用于更广范围更宽领域的、可以为不同专业和职位的人员乃至一般大众提供有用信息的实用书籍。本书的读者既可以是与建筑设计和工程建设相关的专业人员、高校建筑专业的教育 / 研究人员及学生，也可以是教育局等行政部门的工作人员、中小学校的教育者、高校教育专业的教育 / 研究人员及学生、NGO 与慈善团体的人员、志愿者与爱心人士、学生家长、社区负责人与社区居民或村民等。不同类型的读者群以及他们分别需要特别关注的内容请参考表 1。

在研究考察过程中，笔者走过了北京、上海、香港、台湾、江苏、广东、福建、安徽、甘肃、四川、云南的多个乡村区域，一共对 44 所学校进行了实地考察（本书未注明出处的照片均由笔者拍摄，图片资料来源中的页数以"pp 页数"的形式表示），采访了 33 位学校老师和校长，30 位建筑设计师，5 位包括教育局局长、市长、村主任等在内的政府人员，4 位 NGO 和慈善团体人员以及 10 多位当地的村民。在这里向以上接受采访的并提供珍贵资料的、给予各种意见和建议的以及一路上帮助过笔者的老师们、领导们、各设计机构的建筑师们和朋友们表示深深的感谢。

另外，还要感谢日本九州大学艺术工学府的田上健一教授对笔者的硕士和博士论文研究给予的耐心指导，以及一起共同切磋成长的田上研究室的各位老同学和前辈们的支持。

最后，衷心地感谢笔者的所有家人们长期以来对笔者研究工作的大力支持和帮助。

表 1　读者群分类和需要关注的内容

读者群的分类	最值得关注的内容
与建筑设计和工程建设相关的专业人员 高校建筑专业的教育 / 研究人员及学生	新希望小学中多样化的设计特征； 新希望小学的设计过程，特别是建筑设计者和施工建设者在新希望小学设计过程中所扮演的角色和发挥的作用； 建筑师从建筑设计的角度出发解决各种社会问题的方法和设计手法； 新希望小学中值得关注的问题
教育局等行政部门的工作人员	老师对素质教育实施现状和学校空间使用现状的看法和意见； 城市学校的设计现状与问题、符合素质教育要求的学校空间等建筑师眼中的有关城市中小学建筑的问题； 行政部门的工作人员在城市学校和新希望小学的设计和建设过程中所扮演的角色； 新希望小学中值得关注的问题
高校教育专业的教育 / 研究人员及学生 中小学校的教育者	老师对素质教育实施现状和学校空间使用现状的看法和意见； 老师和学生在新希望小学的设计和建设过程中所扮演的角色； 新希望小学给教育活动、当地教育和当地社区带来的积极影响
NGO 与慈善团体的人员、志愿者与爱心人士	新希望小学的设计与建设过程、运营与管理现状，特别是 NGO 和慈善团体的人员在设计和建设过程以及后续运营管理过程中所扮演的角色； 新希望小学中值得关注的问题
学生家长	老师对素质教育实施现状和学校空间使用现状的看法和意见； 新希望小学给教育活动、当地教育和当地社区带来的积极影响； 新希望小学中值得关注的问题
社区负责人与社区居民或村民	新希望小学和当地社区之间的联系、学校的运营管理现状； 社区居民在设计和建设过程以及后续运营管理过程中所扮演的角色

注释

注 1）中共中央、国务院于 1985 年组织召开了改革开放后第一次全国教育工作会议，全面促进"素质教育"成为教育改革的重要课题。与此同时，国务院和教育部也颁布了许多有关实施"素质教育"的方针和政策。

注 2）根据《建筑设计资料集 3》（《建筑设计资料集》编委会编、中国建筑工业出版社，2005）和《中小学校建筑设计手册》（张泽蕙、曹丹庭、张荔编著，中国建筑工业出版社，2001）可知，在我国有关学校建筑设计的规范和手册中，教室平面设计倾向于定型化，虽有建议采用以单内廊或外廊为主的教学楼的平面设计，但其中没有提及设置可供灵活且多元化使用的多目的空间或开放空间。这与定型化的教学楼的增加之间存在着一定的关联性。

注 3）汶川地震是北京时间 2008 年 5 月 12 日 14:28 发生在我国四川省汶川县的地震，震级为里氏 8.0 级。此大地震还给甘肃省的部分地区造成了严重破坏。

注 4）玉树地震是北京时间 2010 年 4 月 14 日 7:49 发生在我国青海省玉树藏族自治州的地震，震级为里氏 7.1 级。

注 5）1987 年，由张宗尧和闵玉林合著的《中小学建筑设计》是全面研究中国中小学建筑规划设计原理、步骤和方法的第一部著作。

注 6）相关研究主要以西安建筑科技大学的李志民及其学生对适应素质教育的新型中小学建筑形态探讨的研究为主。详细请参照参考文献 82-94。

注 7）参考文献 43-74。

注 8）廖春苗．中国本土建筑中的希望小学 [J]．美术教育研究，2012(18): 157.
张馨心．新乡土主义视野下的希望小学设计研究 [D]．长沙：湖南大学，2013.

注 9）谢栋，安赟刚，罗智星．用阳光托起爱与希望：绵阳希望小学设计 [J]．太阳能,2009(9): 43-49.
孔亚暐，任海东．绿色建筑的生态效能与人文理念：结合汶川地震灾区希望小学设计实践的思考 [J]．华中建筑，2014(1): 65-68.
王崇杰，房涛，岳勇．可持续发展理念在希望小学设计创作中的实践 [J]．山东建筑大学学报，2009, 24(2): 145-149.

　　在正文开始之前还想再补充一句。根据笔者近年在日本、德国、韩国等国的大学里进行的有关本书内容的教学、演讲和学术发表经历以及与来自美国、英国、澳大利亚、斯洛伐克、西班牙、哥伦比亚等多个发达国家或发展中国家的教育研究者、建筑设计师、高校学生之间的交流获得的经验和反馈意见，笔者认为我们并不需要舍近求远、生搬硬套与我国国情、教育制度、多样化的文化风土不符的国外先进学校案例。因为最适合我国本土国情的未来学校的雏形已经开始形成，而且就在中国乡村的土地上。这些新学校既具备中国特色（独特性），又拥有世界意义（普遍性），即具有国际上正在试行的开放式学校的特色同时又具备本土化特色和独创性。笔者相信这些颇具先驱性的乡村学校不仅能够以"农村包围城市"的方式推广到城市，进而成为我国教育建筑改革的创新模式和未来学校发展的模范，更会给世界其他地区的学校发展带来一定的启示。

第1章　绪论

1.1 研究背景

1.1.1 中国学校建筑的发展变迁概况

中国最早的教育机构称为"庠"，兼具养老和教化的职能，是氏族部落中具有高尚品德的、老年人养老和传授丰富的生产经验和生活常识的场所。以文字、文化知识、生产经验以及生活常识为主要教育内容的"庠"是中国古代学校萌芽阶段的教育机构。进入奴隶制社会，教育机构成为只有统治者、贵族、官员的子弟才能接受有关文化知识、伦理、礼仪、军事、宗教等方面的教育的场所。此时，由中央政府和地方政府设置并管理的教育系统"官学"也开始形成。官学的教育设施一般建在四周有园林以及水池的高地之上，是集讲堂、会议室、集会所以及运动场为一体的供贵族使用的公共场所。到了春秋战国时期，由于王室和诸侯间的战争及社会的动乱，贵族的"官学"开始衰落，"私学"这种通过私人在大自然或者庙中召集弟子进行自由讲学的方式传授儒家经典的教育形式逐渐形成。"私学"的发展和科举制度的形成促进了书院这一兼具讲学、藏书、祭祀三种功能的教育系统的形成。书院建筑是由讲堂、藏书楼、祭祀场、寮舍、园林组成的多功能的教育建筑群。其特点为大多有与自然环境和谐统一的整体布局和校园规划、有反映当地建筑文化特征的建筑设计以及有着对称性和秩序性的平面布局等。在清朝末期新型学堂出现之前，相当于小学阶段的教育的"蒙学"教育的建筑被称为"学塾"。除了在地主、富商以及教师自己家中开设的以外，多数的学塾都非常简陋，并不具备专用校舍，其教育空间往往以单室形式为主。

到了近代，伴随着外国列强的侵入、宗教势力的渗透，中国出现了许多教会学校。其教育内容不仅有圣经、国文和算术，还有自然科学、外国历史、地理、音乐和体育方面的内容。教会学校建筑中完备的设施，由运动场或操场、教学楼和绿地构成的简单的校园规划，融合中国传统建筑和西洋建筑特征的建筑设计，以及采用单外廊式或双外廊式平面布局的呈"一"字形的教学楼为中国近代的学校，特别是之后洋务派创立的新式学堂的建筑的发展，提供了初步的范本。教会学校的教育体系和教育内容也对新式学堂的年级班级制、教育内容以及近代学制"癸卯学制"的形成产生了很大的影响。另外，在教会学校产生的同时，为了对抗外国势力、用教育救国，各界的有识之士创立了很多私立学校。这些私立学校因其拥有充足的经费，所以具备教学楼、大讲堂、实验室、体育馆、图书馆、运动场等各种设施。而具备采用单外廊式平面布局的"一"字形的教学楼以及融合中西建筑特色的简洁并庄重的外形设计等是私立学校建筑的另一主要特征。

进入现代，从1949年中华人民共和国成立到20世纪70年代末，学校建筑的发展缓慢。虽然学校建设数量逐渐变多，但品质却不高。直到70年代末，以唐山大地震后的学校重建为契机，学校建筑的多样化设计开始受到重视，重建后的学校在布局规划、建筑创意和造型方面都变得丰富起来。从

20 世纪 80 年代开始，中华人民共和国第一部《中小学校建筑设计规范》（1986 年）的制定以及在国内外有识之士和各种基金的资助下开展的捐赠工程进一步推进了中小学校建筑的发展。特别是针对全国中小学校建筑进行的设计方案竞赛更加激发了多样化和个性化的教育空间和活动交流空间的产生和环境优美的校园的创造，提高了中国学校建筑的普遍水准。从 20 世纪 90 年代开始，伴随着素质教育改革的深化，学校建筑设计方面也进行了相应的改革。改革主要以可以开展与素质教育相关的活动的各种设施的增设、综合性校园的规划、多样化的教学楼布置与教室构成、多功能空间与教室的创造、非教育空间与设施的增加、环保校园的创造以及建筑形象的创新等为主。但是这个时期的学校设计仍然存在着诸如城市与农村间、沿海地区与内陆地区间的教育和学校建筑发展的不均衡，教育空间的统一化和标准化，活动空间的不足，对建筑造型与外观的过于重视，以及学校与当地社区的关系疏远等诸多问题。

1.1.2 教育发展不均衡

近年来，随着我国经济的高速发展，人民的生活水平得到很大提高，但是随之而来的还有社会贫富差距增大（照片 1-1 ～ 1-4），城市和乡村的学校之间的教育发展水平失衡、师资力量与学校硬件设施方面落差扩大等问题（照片 1-5 ～ 1-8）。在城市里，有的学校不仅具备如图书馆、天文馆、体育馆等设施，而且还会在教室里装设各种多媒体设备以支持日常的教学活动。而在农村地区，有些学校甚至没有足够的教室来进行正常的教学活动，只能在室外或者把矿洞当作教室进行教学活动。正是

照片 1-1　上海市的市中心

照片 1-2　福建省平和县崎岭乡下石村（2015 年 6 月拍摄）

照片 1-3　成都市的市中心

照片 1-4　四川省中江县通山乡（2015 年 6 月拍摄）

照片 1-5　南京市北京东路小学的教学楼

照片 1-6　四川省甘孜州色达县小学的学生在室外学习
（2015 年拍摄，图片来源：HAS & Associates　郭鹏宇）

照片 1-7　南京市北京东路小学的教室

照片 1-8　四川省泸沽湖镇达祖村小学的教室（2015 年拍摄）

因为城乡学校之间巨大的设施条件上的差距，很多优秀的老师不愿意去农村就职，从而更拉大了城乡教育质量上的差距。

　　到目前为止，政府部门为了解决城乡教育上的不均衡发展问题，颁布实施了与开展支教[注1-1]活动、撤点并校[注1-2]等相关的政策，但由于部分地区在操作中的不当，部分政策收效甚微，甚至引出了其他社会问题。

1.1.3　素质教育

　　在从 20 世纪 80 年代后期开始实行的教育改革中，全面推进以提高国民素质为根本宗旨、以培养学生的创新精神和实践能力为重点的素质教育是一项重大决策，在基础教育改革中占有重要的地位。下面将对素质教育的定义、内容特征、产生背景及原因、发展过程、成果、现存问题以及适应素质教育要求的学校空间等进行简要的论述。

　　1. 素质教育的定义

　　对于素质教育的确切定义，中国教育界存在着不同的争论，但是综合来说，素质教育是指以全面提升学生的思想道德水平、科学文化素质、劳动技能、身体和心理素质为目的，尊重学生的自主学习精神和个性，重视开发学生的创新能力、问题的分析解决能力和交流合作能力的教育[注1-3]。

2. 素质教育的内容特征

素质教育的内容特征主要可以归纳为以下几点：①素质教育是面向全体学生的，是提高全体学生乃至国民素质的非精英化教育；②素质教育是以让学生全面自由地发展为宗旨的发展性教育，而非淘汰性教育；③素质教育重视所有学生的个性发展；④着重培养学生的创造精神、实践能力、问题分析解决能力和交流合作能力；⑤为学生的终生发展打下基础，培养其自主学习能力[注1-4]（表1-1）。

表1-1　素质教育的内容和特征

素质教育的特征	素质教育的内容
坚持面向全体学生的教育； 以让学生全面自由地发展为宗旨的教育； 重视所有学生的个性发展； 着重培养学生的问题分析解决能力和交流合作能力； 为学生的终生发展打下基础，培养其自主学习能力	提高全体学生乃至国民素质的非精英化教育； 发展性教育，而非淘汰式教育； 促进学生的素质得到全面发展； 培养学生的创造精神和实践能力； 培养学生的自主精神和个性； 促进学生的终生发展

3. 素质教育的产生背景及原因

早在2500年前，孔子就已经提出过有关培养人的全面素质的主张。这是中国教育史第一次涉及素质教育思想[注1-5]。然而唐朝"科举选官制度"的形成以及明朝八股文制度的发展使得传统教育趋向于把教育对象当作现存观念和知识的接收容器，用严格的填鸭式教育方式进行知识传授，这也与后来的应试教育的出现不无关联。1977年高考恢复以来，应试教育成为教育的重心，给学生造成过重的升学压力和学业负担，致使厌学现象频频发生。被动的学习不仅培养出了很多所谓高分低能的学生[注1-6]，而且也造成了学生学习自主性变低，创新意识不足，缺乏想象力、合作与实践能力等问题[注1-7]。因此，革新传统式教育的教育改革迫在眉睫。

另外，1980年以后，中国的政治、经济、文化和科学等方面都发生了巨大变化，与此同时社会对劳动者的素质和创新能力也有了更高的要求。再加上21世纪知识经济时代即将到来，为了提高国际竞争力，具有创造力、管理能力以及协调能力的优秀人才越来越受重视[注1-8]。因此，社会对以提高人的综合素质以及创新能力为目的教育方针产生了需求。

在以上的教育以及社会背景之下，提倡素质教育成为当时教育发展和社会进步的必然。

4. 素质教育的发展过程

素质教育的发展大致可分为三个阶段。第一阶段是确立阶段（1985—1994年），在这个阶段，素质教育的概念初步产生，1994年召开的全国教育工作会议上提到了"素质教育"这一概念，同年"素质教育"的概念正式出现在中央文件中，此概念正式被确立。第二阶段是试验推广阶段（1994—1998年），在这个阶段，先进行在特定区域内的学校试点改革，之后再扩展为区域改革。第三阶段是改革深化阶段（1999年至今），在此阶段为了全面实施推广素质教育，相关部门对课程以及评价制度等方面都进行了具体的深化改革。

5. 素质教育的成果

随着素质教育的推行，评价制度、教育结构、教育方式以及教育课程等各方面也在进行着不断的变革。特别是新课程改革，给教师的教学方式和学生的学习方式带来了积极的影响。与整齐划一式的传统教学方式不同的启蒙式教育、讨论式教育、探究式教育和参与式教育等新教育方式得到了提倡，并在部分学校中得以实施。此外，PISA（Program for International Student Assessment，国际学生评估项目）的调查也证实了素质教育对学生解决问题时所必须具备的知识和技能运用能力的培养起到了促进作用。

PISA 是一项由 OECD（Organization for Economic Co-operation and Development，经济合作与发展组织）统筹的学生能力国际评估计划，主要对主要发达国家和城市的即将完成基础教育的 15 岁学生进行评估，测试学生们能否掌握参与社会活动所需要的知识与技能。第一次 PISA 评估于 2000 年首次举办，此后每 3 年举行一次。评估主要分为三个领域：阅读素养、数学素养及科学素养。这三项组成了评估循环核心，在每一个评核周期里，有 2/3 的时间会对其中一个领域进行深入评估，其他两项则进行综合评测。PISA 测试对学生阅读、数学和科学能力的考察并不限于书本知识，还包括今后社会生活中所需要的知识和技能。同时，PISA 还看重学生对于思考过程的学习、对于概念的理解以及在各种情况下活用概念的能力。PISA 测试寻求的不是学生对某个特定学科的熟练掌握程度，而是学生能否有活用知识和技能来解决问题的能力（諏訪哲郎，2014）。

在评估初期，芬兰取得的好成绩备受关注。但是在 2009 年和 2012 年 PISA 的调查中，中国的上海以压倒性的表现取得了阅读、数学、科学素养三领域得分均第一的佳绩，引发外界持续的关注（图 1-1）。

①PISA 调查中科学能力的平均分数的国际比较（年度变化）							
2006 年	平均得分	2009 年	平均得分	2012 年	平均得分	2015 年	平均得分
1 芬兰	563	中国上海	575	中国上海	580	新加坡	556
2 中国香港	542	芬兰	554	中国香港	555	日本	538
3 加拿大	534	中国香港	549	新加坡	551	爱沙尼亚	534
4 中国台湾	532	新加坡	542	日本	547	中国台湾	532
5 爱沙尼亚	531	日本	539	爱沙尼亚	541	芬兰	531
6 日本	531	韩国	538	韩国	538	中国澳门	529
7 新西兰	530	新西兰	532	越南	528	加拿大	528
8 澳大利亚	527	加拿大	529	波兰	526	越南	525
9 荷兰	525	爱沙尼亚	528	加拿大	525	中国香港	523
10 列支敦士登公国	522	澳大利亚	527			中国北京/上海/江苏/广东	518

②PISA 调查中阅读能力的平均分数的国际比较（年度变化）											
2000 年	平均得分	2003 年	平均得分	2006 年	平均得分	2009 年	平均得分	2012 年	平均得分	2015 年	平均得分
1 芬兰	546	芬兰	543	韩国	556	中国上海	556	中国上海	570	新加坡	535
2 加拿大	534	韩国	534	芬兰	547	韩国	539	中国香港	545	中国香港	527
3 新西兰	529	加拿大	528	中国香港	536	芬兰	536	新加坡	542	加拿大	527
4 澳大利亚	528	澳大利亚	525	加拿大	527	中国香港	533	日本	538	芬兰	526
5 爱尔兰	527	列支敦士登公国	525	新西兰	521	新加坡	526	韩国	536	爱尔兰	521
6 韩国	525	新西兰	522	爱尔兰	517	加拿大	524	芬兰	524	爱沙尼亚	519
7 英国	523	爱尔兰	515	澳大利亚	513	新西兰	521	爱尔兰	523	韩国	517
8 日本	522	瑞典	514	列支敦士登公国	510	日本	520	中国台湾	523	日本	516
9 瑞典	516	荷兰	513	波兰	508	澳大利亚	515	加拿大	523	挪威	513
10 奥地利	507	中国香港	510	瑞典	507	荷兰	508	波兰	518	新西兰	506

③PISA 调查中数学能力的平均分数的国际比较（年度变化）									
2003 年	平均得分	2006 年	平均得分	2009 年	平均得分	2012 年	平均得分	2015 年	平均得分
1 中国香港	550	中国台湾	549	中国上海	600	中国上海	613	新加坡	564
2 芬兰	544	芬兰	548	新加坡	562	新加坡	573	中国香港	548
3 韩国	542	中国香港	547	中国香港	555	中国香港	561	中国澳门	544
4 荷兰	538	韩国	547	韩国	546	中国台湾	560	中国台湾	542
5 列支敦士登公国	536	荷兰	531	中国台湾	543	韩国	554	日本	532
6 日本	534	瑞士	530	芬兰	541	中国澳门	538	中国北京/上海/江苏/广东	531
7 加拿大	532	加拿大	527	列支敦士登公国	536	日本	536	韩国	524
8 比利时	529	中国澳门	525	瑞士	534	列支敦士登公国	535	瑞士	521
9 中国澳门	527	列支敦士登公国	525	日本	529	瑞士	531	爱沙尼亚	520
10 瑞士	527	日本	523	加拿大	527	荷兰	523	加拿大	516

图 1-1　PISA 调查的国际比较结果截图（笔者译）
图片来源：日本文部科学省，国立教育政策研究所，OECD 学生的学习结果调查，"2015 年调查国际结果的概要"，pp22-24
http://www.nier.go.jp/kokusai/pisa/pdf/2015/03_result.pdf

其主要原因，根据从事十多年中国教育改革研究的日本学习院大学文学部教育学科的諏訪哲郎教授的研究，可以归纳为以下四点[注1-9]。

（1）上海是20世纪80年代后期开始施行素质教育改革的十个试验区之一，位于长三角经济圈，是改革实践最重要的对象。2001年，为了促进素质教育的进一步实施，国家颁布了《基础教育课程改革纲要（试行）》，期望促使授课方式从知识传授型转变为自主学习型。然而此时的上海早已开始了这种授课方式的转变，因为从20世纪90年代开始上海就已经开始实验性地实施以学习者为主体的授课方式了（照片1-9，1-10）。

（2）基础教育课程改革增加了以解决各种问题为主体的探究型学习活动。

（3）为了可以开展以学习者为主体的课程教学活动，上海中小学的教师们进行了有关新教育方式的实践型研究活动，其中也有不少老师通过在网上公开自己的实践课程来收集相关的评价和建议。

（4）独生子女政策使得家长对孩子的教育越来越重视，与此同时，孩子们为了回应家长的期待更加努力地学习。

根据以上所述可知，素质教育已经被证实在促进学生解决问题时所必需的知识和技能活用能力的发展上发挥着积极的作用，在教育与人才培养上是有效果的，因此在学校建筑的规划设计中素质教育也应该成为一个有用的指标。

6. 素质教育的现存问题

到目前为止，国务院和教育部已经颁布了许多有关素质教育的方针和政策，也就课程和教育方式等进行了诸多的改革。同时，我们也可以看到上海市在素质教育方面取得了好的成绩，证实了素质教育在优秀人才培养上的有效性。然而，由于贫富差距大、大学生就业难、学历崇拜等原因，30多年前开始作为改变应试教育的对策而登场的素质教育并没有得到全面的发展，也未能在全国的所有家庭和学校中得到完全的普及[注1-10]。许多地区的学校现在仍然只关注学生的成绩和分数，导致了很多中小学生每天不得不面对大量的作业，变得缺乏自我判断力和创造力；此外，还导致了围绕儿童的诸多

照片1-9　上海过去的课堂（图片来源：諏訪哲郎，学习院大学），（过去的上海，就像照片1-9中一样，学生经常采用的是挺直腰背，生怕错过老师每一句话的姿态上课）

照片1-10　上海现在的课堂（图片来源：諏訪哲郎，学习院大学）（现如今，就如照片1-10里一样，在上海的小学里，小学生们相互交流意见和互相指导的协作学习的场景正变得越来越普遍）

问题的产生，例如由于作业量大，睡眠不足的儿童、不懂玩耍的儿童、近视儿童和肥胖儿童增加，还有由于父母的过度期望而出现心理问题的儿童增加等[注1-11]。

7. 适应素质教育要求的学校空间

要想更好地全面实施素质教育，就离不开支持素质教育活动开展的硬件上的支持。但是总体来看，均一化、标准化的学校建筑仍然占据主流地位，对适应素质教育的空间的需求仍然存在。此外，笔者在分析了符合新课程改革和新教育方式要求的学校空间以及过去相关研究[注1-12]中有关适应素质教育的学校空间的内容之后，将符合素质教育要求的学校建筑空间及其特征进行了初步总结（表1-2），得到的结论是：具有开放性、灵活性和多样性以及符合儿童的身体尺度与心理需求的学校建筑空间对于素质教育的开展是必不可少的要素之一。

表 1-2　符合素质教育要求的学校空间及其特征

改革项目	空间类型		空间特征
选修课和课外活动的增加	学习空间	普通教室	多样性 灵活性 连续性 开放性 自由性
		专用教室	
		闲置教室	
启发式教育		灵活的教学空间	
小组教学 / 个性化教育		可以支持开展小组讨论、研究、互动和小组学习的多样化的学习空间	
自主学习 / 探究式教育		自习室 / 自习空间、角落空间	
小班化教育 / 个别化教育		少人数学习空间	
多种兴趣小组活动的增加（例如科学技术活动、艺术体育活动）	活动空间	可以开展多样活动的室内、室外活动空间（走廊等公共空间）	人性化 活用性
		多目的、多功能教室	
		休息室	
		体育馆、图书馆（室）	
情景教育		可以支持开展戏剧准备工作、演出以及发表的空间	
在更好的环境下进行教育活动	学校的环境		安心感 自然感 文化性 生活感 和周围环境融合 地域性
用环境教育学生	建筑设计	外观、立面材料	本地生产供本地消费 亲切感 人体尺度
		形态	
		尺度	

1.1.4 乡土教育

1. 乡土教育的定义

乡土教育在我国是一个特指概念，指以人们能够亲身感受到的本乡本土的自然、人文、历史为教育资源，采用学习与生活实践相结合的多种形式进行的教育活动（裴娣娜，2010），亦指在学生了解与认识自己生长或长期居住的地方的基础上，激发其乡土情感，使其产生乡土关怀与乡土认同，贡献自己的力量来改善乡土环境、促进国家认同之教育（谢治菊，2011）。笔者认为乡土教育是对素质教育大框架的一个有力补充，是素质教育在农村学校实施的具体化的表现。因此，乡土教育可以被理解为是在乡村开展的素质教育。

2. 乡土教育的发展

乡土教育是一个古老但又崭新的课题，是我国基础教育的一个重要组成部分。早在光绪二十九年十一月（1904年1月）清政府颁布的《奏定学堂章程》中就明确规定，在初等小学堂开设乡土史地课程。此后乡土教育正式进入学校教育的范畴，以编写专门的乡土教材或以渗透于其他学科教学活动的方式开展。例如，国家地理课程中有乡土地理，历史课程中有乡土历史等。这种渗透模式仍然在延续，构成了国家课程中的分散式的乡土教育（张业强，2013）。改革开放以来，我国基础教育取得了辉煌成就，基础教育课程建设也取得了显著成绩。但是我国基础教育水平还不高，原有的基础课程已不能完全适应时代发展的需要，其中乡土教育更是面临巨大的冲击和挑战，导致了农村乡土教育的普遍滑坡。为了贯彻《中共中央国务院关于深化教育改革，全面推进素质教育的决定》和《国务院关于基础教育改革与发展的决定》，教育部决定大力推进基础教育课程改革，调整和改革基础教育的课程体系、结构、内容，构建符合素质教育要求的新的基础教育课程体系，并于2001年6月颁布了《基础教育课程改革纲要（试行）》，确定了课程管理实行国家、地方、学校三级管理的体系；实行国家基本要求指导下的教材多样化政策，鼓励有关机构、出版部门等依据国家课程标准组织编写中小学教材，通过乡土教材的使用，改变全国统编教材缺乏地方乡土知识的问题（张业强，2013）。这一改革纲要的颁布，为地方性课程、校本课程的开发提供了政策支持和发展空间，同时促进了我国少数民族地区的乡土教育的发展（裴娣娜，2010）。

3. 乡土教育的成果

近年来，在国家有关部门的支持下，在各地方以及民间人士的努力下，乡土教材的搜集编写工作有了重大成就，一些具有区域性文化特色的教材走入课堂，受到广大师生的好评（邓和平，2010）。特别是一些位于边远地区的农村微型学校（微型学校通常是指在校生不足百人、学段年级常常不完整、任教老师常在十人以下且教师老龄化严重的学校[注1-13]）也正在开展乡土教育。这些微型学校联合起来形成一个微型学校发展联盟[注1-14]，立志提升学校教育教学质量，做到让每一名适龄儿童能就近接受优质义务教育，并且希望通过形成一校一特色、一校一主题的校园文化把学校办成具有本土特色的精品学校，以促进乡村及边远山区教育的均衡发展。联盟中的各学校充分发挥农村生态优势，在课程设计上利用农村广阔的自然环境，让孩子们在乡土田野中学习知识。例如有的学校关注当地的传统文化课程，有的重视利用当地农作物作画的艺术课程，有的着眼于农耕文化教育，有的注重开展社会实践活动。目前，一些农村微型学校的师生人数正呈现"逆势回流"，学生人数每年均有所增加，同时在教学质量考评中，部分农村微型学校排名已经超越了城区学校，排在各区县前列。由此，我们可以看出乡土教育的贯彻执行不仅可以助力素质教育的实施，同时也对解决当前大多数乡村小学所面临的生源少、教学质量不高等问题起到了一定的积极推动作用。

4. 乡土教育的现存问题

虽然少数先行的地方和学校为乡土教材的编写和乡土教学的实践积累了一些成功的经验，但是总体来说，乡土教育时下在全国的发展还很不平衡，在大多数学校中并没有得到实际的支持，从领导到基层，从学校到社会，更多的人对乡土教育认识不深甚至没有认识（邓和平，2010 年）。另外，中小学的乡土教育在教学方法、教材、师资、资金等方面还存在以下问题。

1）"撤点并校"割裂了教育与乡土的联系

随着全球化、城市化、现代化进程的加快，人员大量外出务工导致乡村空巢，从而动摇了乡土教育的基础，乡村学校的撤并以及寄宿制学校的兴起又将儿童的成长环境由家庭社区转移到城镇的封闭学校，统一的应试教育课程割裂了教育与乡土的联系（张业强，2013）。

2）师资力量不足、专业性不强

"经费短缺不足以支撑长期发展、教学质量不能得到有效保证、师资问题非常严重、管理有待厘清和强化"是很多地区的乡土教育的现状[注 1-15]。

3）教学方法单一

目前，多数学校采用的教课方式还仅仅局限于在课堂上为学生介绍乡土地理、民间习俗等知识，缺乏与当地乡土环境有机融合的实践型教学活动的实施。

4）忽视乡土教育资源的利用与开发

很多学校误以为乡土教育资源的开发只是为学生提供一些相关知识的读本，忽视了在实际的调查中去发掘当地的资源，致使学生只是被动地接受文本介绍。乡土资源开发和实际教学缺少紧密的联系，教学活动失去了富有个性的乡土环境（吴惠青、金海燕，2012）[注 1-16]。

5）缺乏对乡土技能实践性习得的重视

绝大多数乡村学校仍然偏重于传授与升学考试有关的知识，重视考试技能的训练，忽视与农业生产有关的乡土技能的培养[注 1-17]。

6）缺失对乡土情感的体验式培养

因长期受到城市化价值取向的影响，学校在教育过程中缺乏对学生热爱家乡的情感教育，没能很好地培养学生建设家乡的责任意识，导致众多农村的孩子产生对城市生活的热切向往和对"生于斯，长于斯"的农村的情感隔膜[注 1-18]。

5. 适应乡土教育要求的学校空间

由以上对乡土教育现在所面临的主要问题的总结可以看出，乡土教育的实施还有很大的提升和发展空间。同时我们还不能忽视另一个重要课题，那就是可以支持乡土教育实践的学校空间的发展问题。目前乡村学校缺少支持乡土教育进一步开展的具有创新意义的学校空间，在这里有一个例子可以佐证此点。在前文提到的微型学校发展联盟中有一所学校为了方便开设乡土教育课程，利用因学生人数减少而导致的教室剩余空间大这一特点，根据自己的需求自行地对教室空间进行改造。例如，将教室多功能化，把孩子听课、写字、研读、资料查找、游戏玩耍等所需空间集成在一间教室里。另外，还将沙发、茶几、生活柜、书柜、窗帘等元素引入教室，通过改变墙壁色彩等设计营造出像"家"一样的和谐温馨的教室环境[1-19]。这种使用者的自发式的改造行为从侧面证明了学校对增加适应乡土教育的学校空间的潜在需求。因此，笔者认为创造适应素质教育框架下的乡土教育要求的学校建筑空间将会成为今后建筑界的一个重要议题。

6. 全面加强乡土教育实施以及与其相关的空间创造的必要性

通过以上有关乡土教育成果方面的分析，我们可以知道作为素质教育的补充剂和强化剂的乡土教育可以帮助解决乡村学校的办学问题，并对促进乡村及边远山区的教育均衡发展起到一定的积极作用。另外，自2017年党的十九大报告中提出了乡村振兴战略以来，我国开始大力实施乡村振兴战略，以加快实现农业农村现代化，并让农业成为有奔头的产业，让农民成为有吸引力的职业，让农村成为安居乐业的美丽家园。而乡村振兴离不开农村人才的支撑，加强对乡村文化人才的发掘培养刻不容缓。因此，笔者认为乡土教育在乡村振兴战略中起着至关重要的作用。为了更好地支持该战略的实施，乡村教育的全面普及以及符合其要求的学校空间的创作也是当务之急。

1.2 教师和建筑师眼中的城市中小学建筑的问题

在开始着手调查研究外地建筑师参与设计的希望小学之前，笔者于2013年以我国城市地区为中心对教育者和建筑设计师进行了一个调研（表1-3）[1-20]。下面就简要介绍此次调研的目的、方法以及结果。

此研究的目的是为了揭示城市中小学素质教育的实施现状和空间使用现状，我国各设计机构学校规划设计的现状和问题，以及适应素质教育要求的学校建筑设计方面的问题。

表1-3 调研的研究方法和研究概要

	研究方法		研究概要
1	田野调查	调查时间	2013年4月至10月
		调查对象	中国江苏省南京市的14所小学、中学和高中
		调查方法和内容	新希望小学的空间利用现状：学校建筑空间的现状调查；针对当地居民进行有关学校和当地社区的联系、当地的乡土文化和风土特征的采访调查；就空间使用现状向校长或老师等运营管理方进行采访调查；对学生的空间利用现状、教育活动的开展和空间的关系进行行动观察调查
2	对校长或老师等教育者的采访调查	调查时间	2013年4月至10月
		调查对象	13位在作为田野调查对象的14所学校里的10所学校中工作的教师和校长、1位南京市的原市长、1位教育局的相关行政人员
		调查内容	素质教育的实施状况；中小学校的建筑空间现状，特别是符合素质教育要求的空间现状，调查对象对将来符合素质教育要求的空间的意见和想法
3	对建筑设计师的采访调查	调查时间	2013年8月、9月
		调查对象	12位在北京、南京、天津的各设计机构工作并参与过学校建筑设计的建筑设计师
		调查内容	新希望小学的设计建设过程，包括：设计机构学校设计的现状；学校的设计手法；建筑设计师对开放学校和开放空间的想法；将来的符合素质教育要求的学校建筑设计
4	平面设计分析		对作为采访对象的12位建筑设计师近年来所设计的城市学校的平面设计进行分析

首先，以我国素质教育改革实施的重点区域之一，也是最初进行素质教育改革的 10 个实验地之一的江苏省的省会南京市为主要考察对象，对该市的 14 所小学、初中和高中^{注 1-21)} 进行实地调研，并对其中 10 所学校里的 13 位教师和校长进行详细的采访调查（表 1-4）。调查内容主要以教师和校长们对素质教育及其实施现状、现行的教育方法、中小学的建筑空间，特别是适应素质教育要求的空间的现状以及今后适应素质教育要求的空间的发展的意见和想法为主。详细采访内容请参考表 1-5。

表 1-4　调查的学校和采访的老师的列表

	学校名	规模	办学性质	成立时间	特征	竣工年份	现状	所属区	采访对象
1	南京外国语学校	初中、高中	公办	1963 年	重点校	2003 年新建、增建	使用中	玄武区	教师 1 人
2	南京外国语学校仙林分校	小学、初中、国际高中	民办	2003 年	重点校	2003 年	使用中	栖霞区	———
3	南京玄武外国语学校	初中	民办公助	1996 年	重点校	2008 年搬迁	使用中	玄武区	教师 1 人、校长 1 人
4	江南京市第十三中学	高中	公办	1955 年	重点校	2003 年改建、增建	使用中	玄武区	教师 2 人
5	南京市金陵中学	高中	公办	1888 年	重点校	2001 年改建、增建	使用中	鼓楼区	教师 1 人
6	南京宁海中学	高中	公办	1890 年	重点校	1986 年、2012 年新建	使用中	鼓楼区	教师 1 人
7	南京市第一中学	初中、高中	公办	1907 年	重点校	2002 年改建、增建	使用中	白下区	教师 1 人
8	南京市第二十七高级中学	初中	公办	1943 年	非重点校	2005 年	使用中	秦淮区	教师 1 人、校长 1 人
9	南京市第十八中学	初中	公办	1997 年	非重点校	2004 年	使用中	秦淮区	———
10	南京市文枢中学	初中	公办	2001 年	非重点校	2001 年	使用中	秦淮区	———
11	南京师范大学附属中学江宁分校	小学、初中	民办	2003 年	重点校	2003 年	使用中	江宁区	教师 1 人
12	南京市第一中学马群分校	初中	公办	2013 年	重点校	2013 年竣工	使用中	栖霞区	教师 1 人
13	南京市双塘小学	小学	公办	1932 年	非重点校	2001 年改建	使用中	秦淮区	教师 1 人
14	南京市北京东路小学	小学	公办	1947 年	重点校	2006 年改建、增建	使用中	玄武区	教师 1 人

表 1-5　针对教师和校长的采访调查内容

调查项目	调查内容
属性	性别； 年龄； 学校规模； 学校运营方式； 工作年限； 职务； 授课科目
与素质教育有关的问题	对素质教育的看法； 素质教育活动的实施现状和场所： 　思想道德方面和场所； 　体育方面和场所； 　科学文化方面和场所； 　促进个性与创造性方面和场所； 　自主学习和场所； 　提高交流能力方面和场所 对素质教育开展现状的满意度； 对将来素质教育发展的建议

调查项目	调查内容
有关现行教育方法的问题	传统授课方式以外的教育方式（小组合作、小组学习、少人数学习等）的实施状况及对其看法； 对现行教育方式的满意度
有关学校空间的问题	对现在所属学校的普通教室的规模、家具和公共空间（走廊）的印象； 日常和学生谈话交流的场所； 教师的教学合作小组的实施现状和场所； 学生的兴趣小组活动、学生会的会议、小组合作、小组学习、少人数学习的实施场所； 对现在的学校空间的满意度和意见； 对开放空间／开放学校／多目的空间、少人数学习空间、阅读角的看法

其次，对北京、天津和南京这三个城市中的参与过中小学设计规范编订的、在具有代表性和先进性的与国内一流大学联合的国内建筑设计研究院、国内设计事务所和国外设计事务所中从事过学校建筑设计工作的 12 位建筑设计师进行了详细的采访调查（表 1-6）。调查内容主要有我国设计机构里的学校建筑设计现状和设计手法、建筑师对开放式学校或学校中的开放空间的想法以及对适应素质教育要求的学校建筑设计方面的现存问题和今后适应素质教育要求的学校建筑设计改革的意见和建议。详细采访内容请参考表 1-7。

再次，对 12 位受访的建筑师近年来设计的城市学校的建筑空间进行了分析（表 1-8）。

表 1-6　受访建筑师所属设计机构的信息

调查对象	所属单位名称	类型	级别	特征	地点
1 人	北京市建筑设计研究院	建筑设计研究院	甲级（一级）	参与《中小学校设计规范》（2011 版）编订工作的主要单位	北京
1 人	清华大学建筑设计研究院	建筑设计研究院	甲级（一级）	参与《中小学校设计规范》（2011 版）编订工作的单位，隶属于世界一流大学建设高校	
1 人	北京某大型建筑设计事务所	建筑设计事务所	甲级（一级）		
1 人	北京某房地产开发公司的设计部门	建筑设计事务所	甲级（一级）		
1 人	德国 A 建筑设计事务所	国外建筑设计事务所	中外合作企业		
1 人	德国 B 建筑设计事务所	国外建筑设计事务所	外资企业		
1 人	天津市建筑设计研究院	建筑设计研究院	甲级（一级）	参与《中小学校设计规范》（2011 版）编订工作的主要单位	天津
1 人	天津大学建筑设计规划研究总院	建筑设计研究院	甲级（一级）	隶属于世界一流大学建设高校	
1 人	天津某大型建筑设计事务所	建筑设计事务所	甲级（一级）		
1 人	东南大学建筑设计研究院（以前的工作单位）	建筑设计研究院	甲级（一级）	隶属于世界一流大学建设高校	南京
	南京大学建筑规划设计研究院（现在的工作单位）	建筑设计研究院	甲级（一级）	隶属于世界一流大学建设高校	
1 人	江苏省教育建筑设计研究院（以前的工作单位）	建筑设计研究院	甲级（一级）	参与《中小学校设计规范》（2011 版）编订工作的单位	
	江苏省城市规划设计研究院（现在的工作单位）	建筑设计研究院	甲级（一级）	中国最初成立的省级城市规划设计院之一	
1 人	南京市某大型建筑设计事务所	建筑设计事务所	甲级（一级）		

表 1-7 对建筑师的采访调查内容

调查项目	调查内容
属性	性别； 年龄； 现在的单位； 在现在的单位的工作年限； 作为建筑师的从业年限
有关学校设计的流程问题	在单位设计学校建筑时的流程； 学校建设项目中的甲方（学校、教育局、开发商）； 设计方案讨论会的与会者； 设计方案的决策者
有关设计手法的问题	各个设计机构的设计手法； 对现行教育方式和制度的看法； 有关进行案例研究和观察调查的信息； 学校建筑的设计和建设周期； 设计学校建筑时的注意点； 小学和中学建筑设计上的不同点； 现在设计的学校建筑和以前设计的学校建筑之间的不同点
有关开放空间和开放式学校的问题	对开放空间和开放式学校的认识与看法； 对在中国设计开放式学校和开放空间的可能性的看法； 对设计教室以外的供学生学习交流的空间的愿望
有关符合素质教育要求的空间的问题	伴随着素质教育的实施所带来的学校空间的变化
有关学校建筑改革的问题	对中国学校建筑改革的想法； 对中国学校建筑改革的责任方面的认识

表 1-8 调查对象的学校和设计机构的类型

学校的类型	学校名	所属设计机构的类型
小学	江苏省 A 小学	建筑设计研究院
	四川省 A 九年制学校	建筑设计研究院
	四川省 B 小学	建筑设计事务所
	广东省 A 小学	建筑设计事务所
中学	江苏省 A 中学	建筑设计研究院
	江苏省 B 中学	建筑设计研究院
	四川省 A 中学	建筑设计研究院
	江苏省 C 中学	建筑设计研究院
	北京 A 中学	国外建筑设计事务所
	四川省 B 中学	建筑设计研究院
	江苏省 D 中学	建筑设计研究院
	江苏省 E 中学	建筑设计研究院
	江苏省 F 中学	建筑设计研究院
	江苏省 G 中学	建筑设计研究院
	江苏省 H 中学	建筑设计研究院
	江苏省 I 中学	建筑设计研究院
	四川省 C 中学	建筑设计研究院
	四川省 D 中学	建筑设计研究院
	四川省 E 中学	建筑设计研究院
	山西省 A 中学	建筑设计研究院
	四川省 F 中学	建筑设计研究院
	江苏省 J 中学	建筑设计研究院
	江苏省 K 中学	建筑设计研究院
	安徽省 A 中学	建筑设计研究院
	天津 A 中学	建筑设计研究院
高中	江苏省 A 高中	建筑设计研究院

最后，笔者还采访了南京市的市领导和教育部门的相关人员，更深入地了解了有关城市中小学建筑设计的现状和问题。

此外，在采访教育者和建筑设计师的时候，笔者一边给调查对象看和解释美国或日本的新型学校中出现的具有代表性的开放空间、开放式学校、少人数学习空间、多功能空间以及学习角等空间的图片，一边对他们进行了采访（开放空间、开放式学校的定义请参照本章的"用语的定义和解释"一节）。

1.2.1　教师眼中的城市中小学建筑的问题

根据对城市中小学的教育者的采访调查，我们总结出受访教师眼中的学校建筑的问题有以下几点（表1-9）。

1.素质教育没有完全普及

首先，大多数教师表示赞成素质教育的实施。他们认为素质教育有利于学生的个人发展和未来综合能力的发展，还可以促进学生的自主学习意识以及创造力、沟通力、艺术素养的提高，并且对入学考试要求下学生的学习能力和成绩有积极的影响作用，与应试教育要求的并不矛盾。

其次，大多数教师对素质教育活动的实施现状感到不是很满意，因为他们认为与素质教育相关的教育活动以及符合素质教育宗旨的小组合作／小组讨论、小班化教育等多样化的授课方式在很多学校里并没有得到实质性的普遍开展。即使在少数正在开展的学校里，相关活动也只是局限于课外活动中的小组活动、快慢班补课和只针对少数优秀学生的提优教学等。其参加对象范围狭小，往往倾向于只有少数人参与的活动并且内容也往往偏向于形式主义。

再次，多数教师还认为不得不在狭小封闭的空间或不能随时自由使用的空间中开展素质教育活动以及校园内缺少符合素质教育要求的空间这两点与素质教育没有得到实质性的开展这一现状是存在一定关联性的。另外，不少老师还认为完善适应素质教育活动的空间和设施对于今后解决素质教育实施过程中存在的问题是必不可少的。

表1-9　教师眼中的城市中小学建筑的问题

调查项目	调查结果
关于素质教育实施必要性的问题	素质教育对学生的学习能力和成绩有促进作用且其与应试教育不矛盾
关于素质教育实施现状的问题	素质教育活动在学校还未普及，也没有得到实质性的开展； 开展素质教育活动所需要的空间得不到保证，影响到了相关活动的顺利开展； 对素质教育实施现状的不满较多
关于将来素质教育发展的问题	为了改善素质教育活动的实施现状，完善和增加素质教育活动所需的空间是不可或缺的同时也是非常重要的
关于现行教育方式的问题	除了传统的授课方式以外，学校还会开展课内的小组合作、课外活动中的小组活动、快慢班补课和只针对少数优秀学生的提优教学等活动，但是这些活动的实施空间比较单一； 虽然多数教师对现行的教育方式较为不满，但是却赞成小组活动、小组学习和小班学习等教育方式
关于学校空间的问题	教师们对现在所属学校的教室规模和教室内的家具或设施并不满意； 学校中的教育空间、设施以及公共空间不足； 师生之间、教师之间和学生之间的交流活动空间非常不足； 教师们对所属学校的空间不能说非常满意； 教师们希望学校里可以增加自主性学习空间、教师的活动和休息空间、交流空间以及不受天气影响的活动空间； 多数教师赞成选课走班制但只限于上选修课的时候； 教师们非常赞成增像开放空间或少人数学习空间一样的空间

2. 教育空间的均一化倾向

大多数教师认为，他们现在所在的学校的教室空间比较狭窄、专用教室数量不够、教室内缺少展示空间和学生个人物品的收纳空间。同时，他们也觉得学校的走廊比较狭窄、不受天气影响的共享活动空间非常不足。此外，多数教师还认为师生之间、教师之间和学生之间的交流活动空间不足，缺少教师和学生可以随时自由利用的交流空间、休憩空间和团队协作空间。

3. 开放空间的不足

绝大多数教师希望可以增加像多功能空间、小组合作学习空间、少人数学习空间或学习角等一样的不受天气影响的，可以支持学生的自主性学习活动、教师的活动和休憩且具备多样性、开放性和灵活性的开放空间。因为他们认为，这些空间可以促进素质教育活动的开展，对学生的成长有利，既可以支持学生的自主性学习活动，又可以让师生关系更加亲密。但同时也有个别教师以"这些空间不利于对学生进行管理""可能降低学生的集中注意力而影响学习效果""与现在严格的入学考试的要求不符合""或许更加适合幼儿园或大学"等理由，对这些开放空间抱有疑问。

1.2.2　建筑师眼中的城市中小学建筑的问题

根据对城市中小学的建筑师的采访调查，我们可以知道建筑师眼中的学校建筑的问题主要有以下几点（表1-10）。

表1-10　建筑师眼中的城市中小学建筑的问题

调查项目	调查结果
有关学校建筑的设计流程问题	在进行学校建设时，甲方呈多样化倾向，并且其规划设计过程尚未制度化。另外，相较于公办学校来说，在建设民办学校时，校方往往可以更加自主地决定其最终的设计方案； 在中国，学校建筑设计方案的探讨和决定过程还没有被制度化。此外，能够左右方案的或者能够影响设计结果的主体较多，而相对来说却很少有研究学校建筑的学者或研究人员来参与设计方案的探讨过程
有关学校建筑的设计手法问题	在中国学校之间存在等级制度，而由此引发的差别也体现在了学校的建设过程当中； 在多数中国的设计机构中，建筑师的设计手法具有规格化、标准化和均一化的倾向； 在中国设计机构中，缺少基于学生的行为活动和学校空间之间的关系的研究而进行的平面设计探讨的这一步骤； 比起基于学生的行为和活动进行多样化的空间创造，中国设计机构中的不少建筑师更加重视符合学校设计规范以及满足甲方要求的平面设计、总图设计以及建筑外观设计； 现行的中国教育方式、制度、方针和学校建筑设计之间的联系不紧密； 有关国内外的优秀学校案例、使用者行为的调查研究对我国的学校建筑设计的空间和功能的影响较少； 在中国建筑设计机构中，多数建筑师认为学校的设计周期太短； 因甲方的要求，多数建筑师最重视外观和立面设计，不得不设计气派和壮观的学校建筑； 关于小学和初中之间的设计差异问题，许多建筑师认为相较于空间来说，尺寸、规模、设备、设施上的差异更大； 中国学校建筑的设施、设备、技术、材料和外观方面的进步是显著的，但空间方面仍有较大的提升空间
有关学校建筑的开放空间和开放式学校的问题	在中国学校建筑中，开放式学校和开放空间等空间形式的设计尚未普及。另外，学生互动交流的室内空间往往与普通教室分离，并常以一种独立大空间的形式来呈现； 多数设计师赞成开放式学校和开放空间的设计，但却认为在当前的中国学校中他们很少有机会来实现开放式学校和开放空间的设计； 对于在中国学校建筑中普及开放式学校和开放空间这件事来说，还存在着很多障碍； 在建设民办学校、远离政治文化中心区域的偏远地区的学校以及城郊的学校时，产生开放性空间的可能性变高； 设计师希望为学生设计一些教室以外的学习交流空间（如开放空间、多功能空间、休息室、小组学习空间等），但由于种种障碍，这样的空间往往被设计成单独的大型多功能教室或专用教室
有关符合素质教育要求的空间的问题	尽管开展了素质教育活动，但学校的教育空间几乎没有什么变化，仅有的变化也仅限于学校设施的增加和专科教室的完善
有关学校建筑改革的问题	在设计领域，"素质教育"的方针和制度以及与之相关的活动空间并没有得到足够的重视，同时与其相关的设计规范也没有被反映在现行的学校建筑设计规范当中。此外，学校方面并不重视支持开展与"素质教育"有关的活动的空间，也没有在设计委托书中提出相关要求； 中国学校建筑迫切需要从教育制度到建筑师意识的广泛范围内的改革； 政府、教育局、学校方面对学校建筑的改革负有责任，但建筑师也应该意识到自身所背负的相关责任与使命

1. 学校建筑规划设计过程尚未制度化

首先，无论是建设公办学校还是民办学校，甲方均呈多样化倾向，教育局、学校管理方或者房地产开发商都有可能成为工程的甲方。其次，从对学校平面设计的讨论到决定方案这一设计过程并没有被制度化和标准化，会因各学校的情况不同而各有差异。而参加方案讨论会议的人员也没有固定要求，会因甲方的不同而不同，与会人员往往会有教育局、学校管理方、房地产开发商（民办学校建设时）、城市规划设计部门等方面的相关人员以及当地政府的相关人员，但是却缺少教育建筑领域的研究学者。再次，能够左右最终方案决定的人员也较多，除了可能成为甲方的教育局、学校管理方和房地产开发商以外，城市规划设计部门或当地政府的相关人员也往往会成为决定最终方案的一方。特别是在建设重点校或名校的时候，当地政府的领导或人员往往会参与最后的方案确定。

2. 设计手法标准化和均一化

大多数建筑师在设计学校建筑时所使用的设计手法有规格化、标准化和均一化的倾向，其设计准则主要是在遵守设计规范的基础上满足甲方或当地政府人员的要求。很多建筑师认为，由于方案设计周期较短，无法和甲方做更多的交流，也没有时间对国内外先进案例进行研究和学习。另外，他们还认为甲方的保守观念、设计规范和设计委托书的限制阻碍了他们想尝试在学校空间和功能上的创新，因此只能把设计重心移到具有合理功能的平面布置、应甲方或政府人员要求的立面设计和建筑造型上来。此外，大多建筑师还表示，与以前的学校建筑相比，虽然现在的学校在设施设备、技术材料以及外观造型上有了显著的进步，但是仍然存在使用者的行为和空间设计之间的联系变弱，标准化、均一化和定型化的空间变多，自由和灵活的教育空间不足等问题（图1-2）。

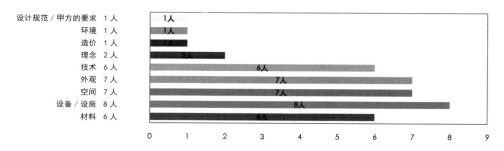

图1-2　有关"现在设计的学校和之前相比哪些地方变化比较大"这一问题的统计结果

3. 开放空间欠缺

很多建筑师虽然对学校的开放空间和开放式学校不是很了解，也没有实际进行过相关设计，但都很赞成这些空间出现在我国的学校里，然而他们也认为在我国进行开放空间的设计实践的可能性并不大。以应试教育为主的教育方式、持有保守观念的政府人员、认为开放空间不利于对学生进行管理的学校管理方、城市学校的场地不足、甲方没有提出相关要求、没有相关的设计规范的支撑等问题都是开展开放空间设计实践的阻碍。但同时也有建筑师表示，在私立学校、较偏远地区的学校以及城市郊外学校中实践开放空间的可能性会较高。因为在建设这些学校时，来自各方面的限制较少，甲方也更容易听取建筑师的意见。而当谈到教室以外的学习交流空间的设计时，建筑师也表示非常赞同进行如学习角、小组合作学习空间、少人数学习空间等的设计。但是如开放空间一样，由于来自教育方式、设计规范和想要控制造价和面积的甲方的限制以及校方对管理效果上的担忧，建筑师多会把教室以外的学习空间设计成一个单独的大型多功能教室、图书馆或专用教室。

4. 符合素质教育要求的空间缺少变化

多数建筑师对现行的教育方式和方针不是特别关心，且他们的设计适应素质教育的空间的意识不强。他们认为伴随着实施了 30 多年的素质教育的开展，学校在教育空间上的变化却很少，仅限于体育馆、游泳馆、图书馆、舞蹈室的增加以及有关音乐、美术、生物、劳动等的专用教室的完善。缺少变化的原因主要有以下三点：①素质教育在教育界是备受瞩目的议题，但是在建筑设计界还没有引起足够的关注；②适应素质教育活动要求的空间无论是在设计机构还是在学校方面都没有得到足够的重视，也没有反映在设计规范和设计委托书的具体要求上；③设计机构和教育机关之间的联系还不够。

5. 学校建筑设计方面缺乏革新

受访的所有建筑师都认为在我国学校建筑设计方面，从对教育制度、教育方式的认识、甲方的观念、学校建筑的设计规范再到建筑师的素养，都需要进行较广范围的变革。具体意见主要可以归纳为以下几点：①入学考试制度和学生的评价方法需要变革；②把管理学生当成头等大事的传统教育观念需要改变；③学校的设计规范需要进行再修订；④要提高建筑师的"不光只满足甲方的要求，也要积极进行基于使用者行为的空间设计创新"这一意识；⑤关于学校设计理念，学校需要加强与当地社会的联系；⑥为了可以在设计过程中与实际使用者、周边居民进行深入的交流和讨论，需要更长的设计周期（图 1-3）。

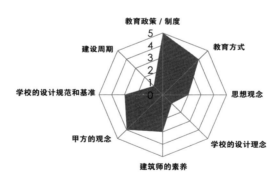

图 1-3　需要改革的地方和回答人数

此外，有关承担学校建筑变革的责任方面，建筑师表示不光是教育局等政府部门和校方，自身也承担着较大的责任。他们认为建筑师如果具备以下的意识和态度将会对设计结果产生积极的影响：①追求设计更好的教育空间的意识；②实现自我主张的愿望，在满足规范要求的基础上想要创造出更多的多元化空间的态度；③加强说服甲方接受新理念的能力；④更加关注现行的教育制度和方针的发展。

1.2.3 围绕"适应素质教育要求的学校空间"展开的调查

为了验证采访建筑师得到的分析结果，笔者以采访内容为基础，从"符合素质教育要求的空间"这样一个观点出发，将受访者在 2001 年至 2013 年之间设计的 26 所学校（4 所小学、21 所中学和 1 所高中）作为调查对象，对其平面空间设计进行了分类和分析（表 1-11）。通过比较学校案例和建筑师对素质教育的看法，笔者将 26 所学校分为以下 5 个类型：外观设计重视型、设施建设重视型、多功能空间独立型、走廊空间开放型、屋顶 / 平台开放型（表 1-12）。下面将通过案例分析来对各类型进行简要的说明。

表 1-11　学校类型和概要

类型		学校名	竣工年份	所在地	特征
外观设计重视型	对称	江苏省 A 中学	2010 年	郊外	普通
		江苏省 B 中学	2012 年	市区	普通
		四川省 A 中学	2012 年	郊外	重建
	中庭	江苏省 C 中学	2012 年	郊外	普通
		北京 A 中学	2002 年	市区	重点校
		四川省 B 中学	2008 年	郊外	普通
		江苏省 D 中学	2009 年	郊外	普通
	外观	江苏省 E 中学	2010 年	市区	普通
		江苏省 F 中学	2012 年	郊外	普通
		江苏省 G 中学	2009 年	郊外	普通
		江苏省 H 中学	2011 年	郊外	普通
		江苏省 I 中学	2012 年	郊外	普通
		四川省 C 中学	2011 年	市区	重建
		四川省 D 中学	2011 年	郊外	重建
		四川省 E 中学	2001 年	市区	重建
		山西省 A 中学	2008 年	市区	实验学校
		四川省 F 中学	2008 年	市区	普通
		江苏省 A 小学	2009 年	市区	普通
		江苏省 J 中学	2009 年	市区	普通
		四川省 A 九年制学校	2008 年	郊外	普通
设施建设重视型		江苏省 K 中学	2008 年	市区	普通
		安徽省 A 中学	2009 年	市区	普通
多功能空间独立型		天津 A 中学	2019 年	郊外	民办
走廊空间开放型		江苏省 A 高中	2009 年	郊外	普通
屋顶 / 平台开放型		四川省 B 小学	2010 年	山村	希望小学
		广东省 A 小学	2012 年	山村	希望小学

表 1-12　学校类型和特征

	类型	特征	建筑师的看法	案例
1	外观设计重视型	重视利用宏伟的外观或者对称的形态来表现学校的庄严感	显著地反映了重视建筑外观设计的甲方的意见	多数
2	设施建设重视型	重视体育馆、图书馆、专门教室等设施的建设		
3	多功能空间独立型	具有多种功能的大空间被独立设置在普通教室之外的地方	多功能教室的规模、个数和尺寸有严格的规定	
4	走廊空间开放型	在与教室相连接的走廊上的部分开放空间中可以进行各种课外活动	为学生提供室内活动空间	
5	屋顶 / 平台开放型	在和内部空间相连的平台等一层以上的外部空间可以进行各种室外活动	为学生的各种活动创建一个开放和灵活的学校空间	少数

1. 外观设计重视型

外观设计重视型是指利用宏伟的建筑外观或者对称的建筑形制来表现学校的庄严感。通过采访得知，在这一类型的学校建筑中体现甲方的"重视建筑外观设计"这一意见的案例较多。

案例一：江苏省 C 中学

设计机构：建筑设计研究院

竣工年份：2012 年

地点：郊外

特征：这所学校的平面具有非常工整的对称结构，所有楼层上均排列着大小、形状相同的普通教室。此外，生物教室或音乐教室等专用教室也具有统一的尺寸（图 1-4）。

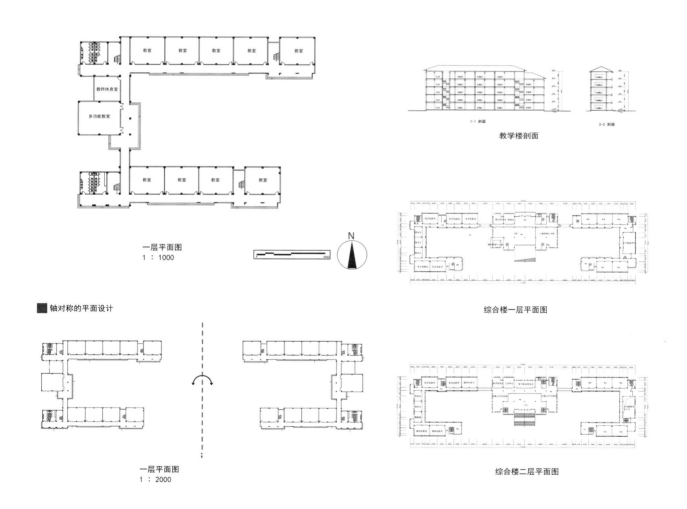

图 1-4　江苏省 C 中学案例
（基于采访调查对象提供的图片资料制成）

案例二：江苏省 G 中学

设计机构：建筑设计研究院

竣工年份：2009 年

地点：郊外

特征：这所学校的教学楼的设计具有空间尺度过于巨大的倾向。设计方案原本有两个，方案 1 在学校的入口处设计了一个超过正常尺度的巨大的门，从门的正面向内看，视线可以一直通向校园深处。而在方案 2 中，教学楼的建筑空间尺度巨大，比起学校建筑，倒更像是办公大楼（图 1-5）。

设计方案 1

巨大的门

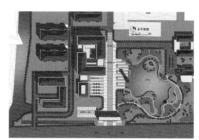

总图 1

鸟瞰图

设计方案 2

大尺度空间

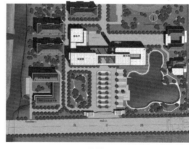

总图 2

实验楼、图书馆的效果图

图 1-5 江苏省 G 中学案例
（王鹏提供的图片资料）

2. 设施建设重视型

设施建设重视型是指为了支持素质教育活动的开展，完善校园内的图书馆、体育馆以及专用教室等各项设施。然而，这些设施往往与其他教学楼分开布置，形成一个独立而封闭的空间。

案例：安徽省 A 中学

设计机构：建筑设计研究院

竣工年份：2009 年

地点：市区

特征：在这所学校里我们可以看到除了作为功能性设施的图书馆、体育馆、实验楼以及专用教室外，其余的教学楼、行政楼等建筑物也都是独立布置的（图 1-6）。

图书馆

体育馆

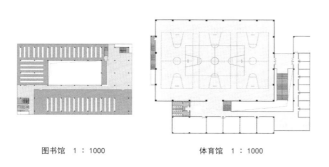

图书馆　1∶1000　　　体育馆　1∶1000

鸟瞰

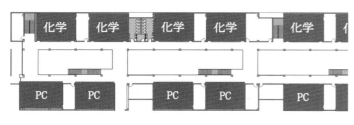

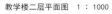

教学楼二层平面图　1∶1000

广场

图 1-6　安徽省 A 中学案例
（王鹏提供的图片资料）

3. 多功能空间独立型

多功能空间独立型是指为了支持开展选修课、课外课程、社团活动等有关素质教育的课程活动而设置的具有多种功能的空间。然而这种空间往往也是作为一个单独的大空间被独立设置在普通教室之外的地方。

案例：天津市 A 中学

设计机构： 建筑设计研究院

竣工年份： 2019 年

地点： 郊外

特征： 从总体布局来看，该学校主要由教学楼、多功能教室以及宿舍楼构成。多功能教室的布置独立于普通教室群，需要在得到使用许可的情况下才能使用。近年来，像这样的作为素质教育空间使用的单独的大空间的设计案例并不在少数，但是由于其常常被设置在学生的动线以外，因此较难被活用（图 1-7）。

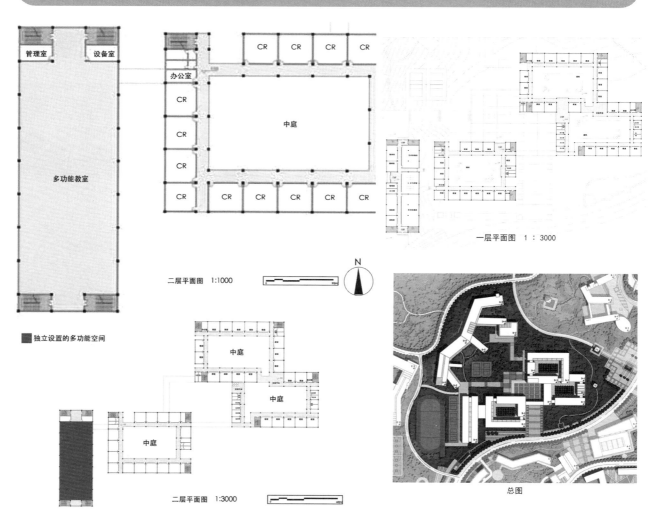

图 1-7　天津市 A 中学案例
（天津大学建筑设计规划研究总院顾志宏工作室提供的方案设计图片资料）

4. 走廊空间开放型

走廊空间开放型是指与教室相连接的走廊上的部分开放空间因为没有固定明确的使用用途，因此具备一定的素质教育空间的功能。

案例：江苏省 A 高中

设计机构： 建筑设计研究院

竣工年份： 2009 年

地点： 郊外

特征： 该校是由教学楼、实验楼、图书馆、专用教室楼、体育馆、礼堂、行政楼、国际交流馆、校史馆、食堂以及宿舍楼等构成。教学楼的一层走廊的各个角落上布置了数个用于开展实践活动的空间，被称为实践活动区。此外，每层楼的走廊上也都连接着一个三角形的休息区以供学生进行交流活动。然而这样在教学楼内部中放置数个用于素质教育活动和学生交流活动的空间的案例还属少数（图 1-8）。

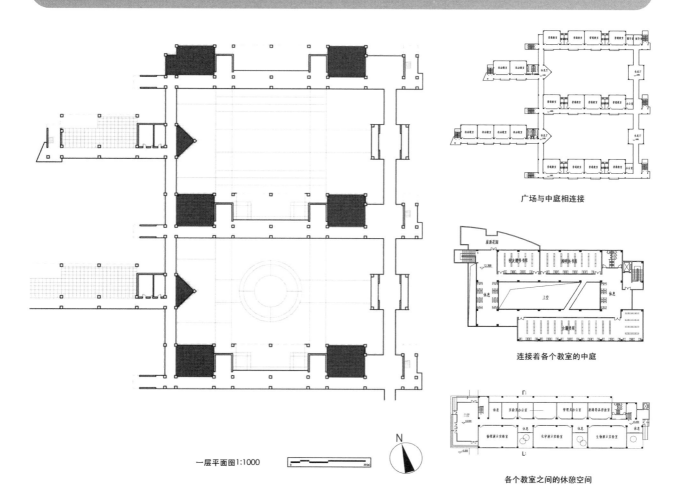

一层平面图1:1000

广场与中庭相连接

连接着各个教室的中庭

各个教室之间的休憩空间

图 1-8　江苏省 A 高中案例
（基于采访调查对象提供的图片资料制成）

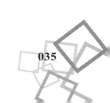

5. 屋顶／平台开放型

屋顶／平台开放型是指通过积极地向设施一层以上的内部空间引入外部空间，使人们在建筑内部也可以进行室内和室外的活动。

案例：四川省 B 小学

设计机构：建筑设计事务所

竣工年份： 2010 年

地点： 山村

特征： 这所学校位于农村的偏远地区，是在北京的设计事务所和 NGO 的协助下设计建设而成的希望小学。整个校园由教学楼、办公楼、学生宿舍楼、老师宿舍楼以及食堂这 5 个建筑物组成。建筑物之间互相连接并围绕中央的操场布局。在二层平面上，设置了数个与教室相连的开放式平台，同时与内部走廊、外部空间均有交集的宽敞平台能使外部空间氛围渗透进整个校园里（图 1-9）。

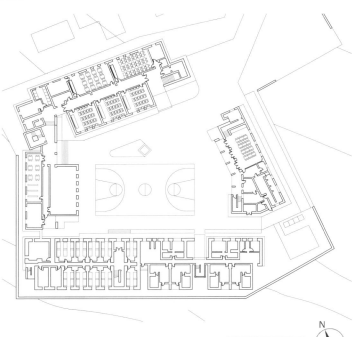

一层平面图　1：1000

■ 向天空开敞着的平台

二层平面图　1：2000

三层平面图　1：2000

二层平台

走廊外的楼梯

图 1-9　四川省 B 小学案例
（由东梅提供的照片和图片）

根据以上对学校建筑空间的分析可以知道，多数建筑师对设计符合素质教育要求的学校建筑空间的意识还比较淡。这应该是导致现今多数中小学建筑缺乏多样性、开放性和灵活性空间的原因之一。然而同时我们也确认了在远离政治文化中心区域的偏远地区建设起来的希望小学里却存在一些适应素质教育要求的优秀案例。

1.2.4 城市中小学建筑设计的现状和问题

在对以上城市地区的教育者和建筑师进行的采访调研以及学校空间的分析的基础上，笔者还采访了南京市的领导和教育部门的行政人员，由此对城市中小学建筑设计的现状和问题有了一个更深入的了解，并对与学校设计相关的各组织人员之间的关系进行了图示化的表现（图 1-10）。

城市中小学建筑设计存在空间设计均一化，能够支持有关素质教育活动的教育空间不足，对建筑外观和造型过于重视，学校设计与当地社会、文化之间的联结薄弱等问题。而这些问题又与以下各设计机构的学校设计建设的现状和问题相关联。

1. 建筑设计界和教育界的联系不够紧密

建筑设计界和教育界之间在学校建筑设计上的联系不够紧密。教育部门在制定教育改革方针政策以及建筑设计相关机构在修订学校设计规范时没有做到更进一步的协力合作。再加上素质教育并没有得到全面的普及这一实际现状，它们共同导致了教育相关部门对可以更好地促进素质教育活动开展的开放空间的设置不够重视，从而在设计委托书上没有提出相关的要求。而同时建筑界和相关组织也没有就此在设计规范上提出相关要求和进行相应的修改。

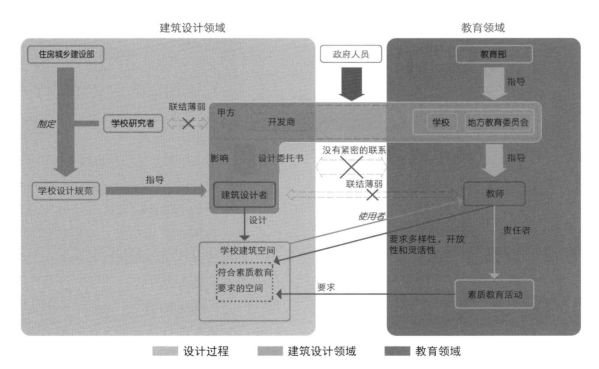

图 1-10 与学校建筑设计相关的各组织人员之间的关系

2. 建筑师的素养与意识有待进一步提高

在设计过程中，建筑师以"设计符合设计规范的学校建筑"为工作重点，多数情况下采用的设计手法具有规格化、标准化的倾向。另外，建筑师以设计周期太短为理由，没有对相关先进案例和使用者的行为等进行过多的分析与研究；同时不够重视和关注对支持素质教育活动的空间的创造，并欠缺在没有甲方要求和设计规范的规定下追求设计出更具创新意义的建筑空间的意识。此外，建筑师与建设施工过程之间的联系还不够紧密，完成设计后虽然偶尔会去施工现场进行监工，但是多数建设工作都交由施工团队来完成。

3. 缺乏多方参与协助的设计过程

在设计与建设学校建筑的过程中，缺乏所有相关者协力讨论设计方案的过程。除了甲方，当地的行政部门常常也会作为主导者介入设计过程，左右设计方案的确定。此外，行政部门对教育设施的创新往往抱有谨慎态度，并会把重点学校或名校的建设当作衡量当地教育实力与经济实力的指标而过于关注学校外观的设计。这就导致了建筑师在空间创新上的主动性的降低，在决定方案设计时处于被动的地位，并且往往会在只要做到不违反设计规范并满足行政方的要求之后就结束设计的工作。另外，设计方案的讨论过程缺乏教师、学生等素质教育的执行者和实际空间使用者以及周边社区居民等相关人员的参与，同时也缺乏参与起草和编写《中小学校设计规范》的与学校设计相关的研究学者的参与。这就使得教育者无法与建筑师直接交流并提出意见，同时提出他们对增设具有多样性和开放性的教育空间的愿望以及作为管理者对开放空间抱有的疑问。而研究学者也因无法发现设计建设过程中的种种问题，不能对设计规范进行及时的补充和修订。由此可知，包括方案研讨和设计周期的制定、方案讨论会的与会人员和会议次数的决定等与学校建筑设计过程有关的问题的制度化和标准化是有必要的（图 1-11）。

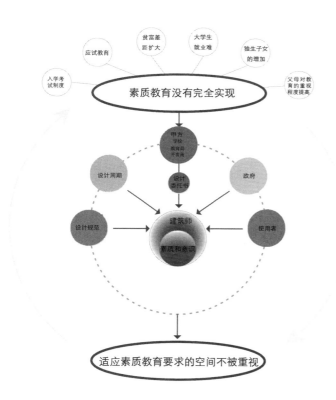

图 1-11　有关创造适合素质教育要求的学校空间的问题

1.3　用语的定义和解释

1. 小班化教育

小班化教育是一种班级人数较少（班级人数一般限制在 30 人以下）的、有利于学生的全面和谐发展和个性充分发展的一种教育组织形式。这种教育方式也是世界发达国家和地区普遍采用的基础教育发展模式。

2. 情境教育

情境教育是一种旨在利用多媒体手段或教师的言语来营造充满活力的氛围，以此激发学生的学习欲望、调动学生的学习自主性和积极性并引导学生主动学习和探索知识的教育方式。

3. 产学合作

本书中所指的产学合作是指通过结合学校的课程活动与本地的乡土文化或产业，将当地相关的农产品或文创产品的生产制作融入教学当中的一种教育活动。

4. 地域

本书中提及的学校空间里反映的"地域文化"中的"地域"，在城市中是指学校所在的行政区域，在乡村里是指学校所在的村落或乡镇，而在拥有较多少数民族的云南省或四川省中，是指学校所属的民族聚居区（包含村落或乡镇）。

5. 传统

本书中提及的学校空间里反映的"传统"是指学校所在的区域、村落或乡镇以及民族聚居区经过漫长的历史进程所传承下来的文字、艺术、工艺、风土文化、思想或者以这些元素为中心而构成的精神思想。

6. 开放空间

日本或欧美国家的现代学校中的开放空间大致可分为两种。一种是"与教室相连的开放空间"，指由教室外部走廊扩大变成的可供开展学习活动的开放空间。这个开放空间与教室往往会通过滑动墙、活动家具、活动隔板等连接起来，从而构建出一个可以灵活对应各种学习方式和课程内容的学习空间。另一种是"与教室整合为一体的开放空间"，指在一个大的教学空间内几个班组合在一起上课，不设单独的教室，班与班之间也没有明确隔墙，形成一个开阔的开放空间。另外，该开放空间的外侧往往会设置由固定家具或滑动门隔开的走廊。

7. 开放式学校

开放式学校缘起于英国，发展于美国，集大成于日本。开放式学校注重"学校与家庭和社区的联合"这一新的学校理念。学校向家庭和社区开放，三者组成一个有机的学校共同体。同时，原有的教材、教师、教室以及学习等概念等都在开放式学校中得到了扩展。家庭和社区在开放式学校中扮演重

照片 1-11　日本浪合学校中的小学部：1 至 4 年级教室一体化的开放空间
图片来源：
日本的《建筑设计资料：67、学校 2，小学校、中学校、高等学校》，建筑思潮研究所编，建筑资料研究社，2009 年 10 月第 6 次印刷

照片 1-12 日本圣笼町立圣笼中学：教室外与走廊一体化的开放空间
图片来源：
日本的《建筑设计资料：105、学校 3，小学校、中学校、高等学校》，建筑思潮研究所编，建筑资料研究社，2014 年 5 月第 4 次印刷

要角色，也在与学校的合作中受益。学校帮助家庭提高教育子女的能力，为家长和社区居民提供再教育的机会。在日本，开放式学校通常被称为"没有围墙的学校"或提供个性化教育的学校。为了贯彻教育理念，日本的开放式学校会通过不设校园围栏或将学校体育馆、图书馆开放给社区加强其与当地社会的联系。

9. 少人数学习空间

在日本，少人数学习空间是一种新型的学习空间，是指对应参加人数较少的小班化授课等学习活动的一种空间。作为普通教室、专用教室以外的第三类学习空间，其中经常会放置一些可以传达信息的设施，并通过一些可移动的隔板打造可自由分割的空间。

照片 1-13　日本博多小学校的少人数学习空间（一）　　照片 1-14　日本博多小学校的少人数学习空间（二）

10. 多目的空间

多目的空间是指与教室等教育空间相连接的，没有特定用途的小型多功能空间。这些空间往往没有固定的空间形式，与开放空间比较相近。

照片 1-15　台湾富功小学的与走廊相连的多目的空间　　照片 1-16　台湾水尾小学的与教室连廊相连的多目的空间

11. 学习角

学习角是指在教室内或走廊空间中设置的可以供学生进行阅读和讨论的小型学习空间。通常此空间内会放置小型家具或图书柜，并常会利用榻榻米或木板铺设地板。

注释

注 1-1）支教是指支持偏远和贫困地区的学校教育的一种慈善活动，以改善农村地区的教育现状为主要目的。

注 1-2）撤点并校政策指的是 20 世纪 90 年代末已经存在、2001 年正式开始实施的一场对全国农村中小学重新布局的"教育改革"，具体说来，就是大量撤销农村原有的中小学，将学生集中到小部分在乡镇建设的"中心小学"。

注 1-3）朱开轩．全面贯彻教育方针　积极推进素质教育 [J]．学科教育，1997（10）：2-6，27.

注 1-4）陆炳炎，王建磐．素质教育：教育的理想与目标 [M]．上海：华东师范大学出版社，1998.

注 1-5）陈金芳．素质教育基本理论研究 [M]．北京：中国科学技术出版社，2011.

注 1-6）详细内容请参考《中国の義務教育》（财团法人自治体国际化协会（北京事务所）．中国の義務教育 [J]．CLAIR REPORT，2008（325））的 p37 的内容。

注 1-7）陆炳炎，王建磐．素质教育：教育的理想与目标 [M]．上海：华东师范大学出版社，1998.

注 1-8）陈金芳．素质教育基本理论研究 [M]．北京：中国科学技术出版社，2011.

注 1-9）諏訪　哲郎．中国の新しい教育のチャレンジ—上海が PISA 断トツ 1 位になった理由は [J]．機関誌「地球のこども」，2014(10)：http://www.jeef.or.jp/child/201409tokusyu03/.

注 1-10）详细内容请参考《中国の義務教育》（财团法人自治体国际化协会（北京事务所）．中国の義務教育 [J]．CLAIR REPORT，2008（325））的 p37 的内容。

注 1-11）同上。

注 1-12）李志民．适应素质教育的新型中小学建筑形态探讨（上）：中小学建筑的发展及其动向 [J]．西安建筑科技大学学报（自然科学版）．2000，32（3）：234-236，241.

注 1-13）赵晗．农村微型学校生存与发展的若干思考 [J]．教学与管理（小学版），2017（10）：4-6.

注 1-14）广元市利州区微型学校发展联盟在区委、区政府关心和区教育局的支持、指导下，于 2014 年正式成立。联盟包括了 14 所利州区的微型小学。

注 1-15）谢妮．贵州省民族民间文化教育现状研究 [J]．贵州民族研究，2009，29（3）：141-146.

注 1-16）吴惠青，金海燕．基于综合实践活动的农村学校乡土教育研究 [J]．浙江师范大学学报（社会科学版），2012（5）：106-110.

注 1-17）同上。

注 1-18）同上。

注 1-19）四川省广元市利州区教育局．探寻农村微校发展密码　构建区域良好教育生态 [J]．中国农村教育，2017（1-2）：40-42.

注 1-20）参考笔者之前发表的论文：（1）范懿，田上键一．教師および建築設計者が考える中国の学校建築の課題：「素質教育」を中心として（中译：教师以及建筑设计者思考的中国的学校建筑的问题：以素质教育为中心）[J]．日本建築学会研究報告九州支部，2014，53（3）：53-56.
（2）范懿，田上健一．A study on school architecture in China from the view of users and designers：bases on the quality-oriented education[C]// 中国建筑学会．第十届亚洲建筑国际交流会论文集 I．北京：中国城市出版社，2014：366-372.

注 1-21）我国的各学校之间存在着一定的差距。同为公立学校的重点学校和非重点学校之间存在着教育资源上的差距。所以笔者从位于南京市城区位置的玄武、鼓楼区、秦淮区和白下区以及位于市郊的江宁区和栖霞区的小学、中学和高中里挑选出了 14 所典型的重点校和非重点校进行了现场调查。

第2章 中国乡村的新希望小学

本章导读

本章导读

　　在本章中，笔者为了揭示乡村新希望小学的设计概念、空间构成形式以及建筑结构与材料的特征，首先，从近年的建筑杂志、建筑著作[注 2-1)]以及建筑网站[注 2-2)]上登载的实例中抽选出了 31 所乡村希望小学（表 2-1）。其次，调研了这些学校的建设背景、建设年代和地理分布状况，并且从设计理念、空间以及与当地的关系的视角出发，对学校的设计理念、校舍布局、教室空间构成、开放空间的构成、和与当地社会的协作相关的空间设计手法、建筑材料以及建筑结构与技术进行了研究与分析。再次，笔者于 2014 年 10 月、2015 年 5 月、2015 年 6 月对 31 所小学中的 14 所进行了空间利用现状的实地考察（表 2-2）。

表 2-1　作为研究对象的新希望小学的概要

序号	学校名	竣工年份	所在地	特征
1	玉湖小学	2004 年	云南省丽江市玉湖村	农村小学
2	华存希望小学	2005 年	四川省中江县通山乡	农村小学
3	阿里苹果小学	2005 年	西藏阿里地区塔尔钦	偏远地区小学
4	琴模小学	2006 年	广东省怀集县琴模村	农村小学
5	毛寺生态实验小学	2007 年	甘肃省庆阳县毛寺村	农村小学
6	华林小学	2008 年	四川省成都市成华区	震后重建·农村小学
7	毛坪村浙商希望小学	2008 年	湖南省耒阳市毛坪村	风灾灾后重建·农村小学
8	桥上小学	2009 年	福建省平和县崎岭乡下石村	农村小学
9	丹堡卓越狮子小学	2009 年	甘肃省文县丹堡乡	震后重建·农村小学
10	玉垒卓越狮子小学	2009 年	甘肃省玉垒乡李家坪	震后重建·农村小学
11	苇子沟卓越狮子小学	2009 年	甘肃省成县苇子沟村	震后重建·农村小学
12	下寺村新芽小学	2009 年	四川省剑阁县下寺村	震后重建·农村小学
13	红邓小学	2009 年	广西壮族自治区红邓屯	农村小学
14	寒坡希望小学	2009 年	湖南省双峰县寒坡村	农村小学
15	达祖小学（新芽学堂）	2010 年	四川省泸沽湖镇达祖村	震后重建·农村小学
16	孝泉民族小学	2010 年	四川省德阳市旌阳区孝泉镇	震后重建·农村小学
17	黑虎壹基金自然之友小学	2010 年	四川省茂县黑虎乡	震后重建·农村小学
18	里坪村小学	2010 年	四川省青川县骑马乡里坪村	震后重建·农村小学
19	茶园小学	2010 年	甘肃省文县中庙镇茶园村	震后重建·农村小学
20	美水小学（新芽教学楼）*	2011 年	云南省大理剑川县美水村	震后重建·农村小学
21	桐江小学	2012 年	江西省石城县桐江村	农村小学
22	休宁双龙小学	2012 年	安徽省休宁县五城镇双龙村	农村小学
23	木兰小学	2012 年	广东省怀集县怀城镇木兰村	农村小学
24	耿达一贯制小学	2012 年	四川省汶川卧龙特区耿达乡	震后重建·农村小学
25	马蹄寨希望小学	2013 年	云南省文山西畴县马蹄寨村	农村小学
26	美姑四季吉小学	2015 年	四川省凉山州依果觉乡	农村小学
27	色达藏医学院	2015 年	四川省色达县	偏远地区小学
28	美姑红丝带爱心学校	2015 年	四川省凉山州美姑县	震后重建·农村小学
29	凉山儿童希望之家	2015 年	四川省凉山州	农村小学
30	果洛班玛藏语慈善学校	2016 年	青海省果洛班玛	偏远地区小学
31	玉树吾尔奈小学	2016 年	青海省玉树州吾尔奈	震后重建·农村小学

*　全称为"云南大理陈碧霞美水小学新芽教学楼"，以下简称"美水小学（新芽教学楼）"。

表 2-2　新希望小学的研究方法与概要

研究方法		研究概要
1	文献调研 / 示例抽选	从 2006 年至 2015 年的建筑杂志、建筑著作以及建筑网站上登载的示例中抽选出了 31 所乡村希望小学
		调研了 31 所乡村希望小学的建设背景、建设年代和地理分布状况
2	分析设计 概念与空间	分析设计概念、空间、与当地社会的关联性等
3	对设计师的 采访调查	调查时间　2014 年 6 月 15 日—2016 年 5 月 11 日
		调查对象　乡村希望小学建筑设计者 13 人
		调查内容　希望小学的设计建设过程：项目的建设背景（项目启动始末和建设资金）；设计建设过程（方案的讨论与决定以及参与设计和建设的成员们的作用）；已建成学校的利用现状、维护状况；设计建设过程中的课题；设计理念
4	对 NGO 成员 的采访调查	调查时间　2018 年 6 月 7 日—2019 年 6 月 10 日
		调查对象　支持希望小学的建设以及运营的 NGO 成员 4 人
		调查内容　对希望小学的建设和运营的支持现状； 教育课程活动（课程 / 当地社会协作项目）的开展现状； 对改变教育的不均衡以及灾后重建的作用； 对希望小学的教育课程发展的想法； 中国的 NGO 和慈善团体等的运营现状
5	实地调研	调查时间　2014 年 10 月、2015 年 5 月、2015 年 6 月
		调查对象　坐落于四川省、甘肃省、云南省、广东省、福建省以及安徽省农村的 14 所希望小学
		调查方法 / 内容　希望小学的空间利用现状： 　学校建筑以及当地社会的现状调研； 　对当地居民进行有关学校和当地社会的关联性、当地文化和风土特征的采访调查； 　就空间使用现状对校长和老师等运营管理方进行采访调查； 　对学生以及当地居民的空间利用现状、教育活动的展开和空间的关系进行行为观察 　（每个学校的调研时间为 1～2 日）

2.1　新希望小学的诞生

2.1.1　希望小学的定义

近 30 年来，随着城市经济的高速发展，城市与乡村之间的教育和学校设施差距的不断拉大促使众多个人或民间团体组织纷纷加入了援建乡村小学的大军之中。其中最著名的要属非政府非营利性社会团体中国青少年发展基金会。该基金会发起并组织实施一项以资助农村贫困地区的失学儿童重返校园为目的的社会公益事业——"希望工程"[注 2-3]，其主要任务是通过捐款活动援建乡村小学，改善农村办学条件，资助贫困学生，培训教师等。自 1989 年 10 月发起的希望工程，截至 2017 年，累计接受捐款 140.4 亿元，资助贫困学生 574.8 万名，援建小学 19 814 所，培训教师 106 558 名[注 2-4]。而"希望小学"就是通过该工程建设而成的小学的总称。由此我们可知，不是所有通过爱心捐助建成的学校都能被称为"希望小学"，严格来说，只有中国青少年发展基金会援建的学校才能叫"希望小学"，由其他个人或团体等援建的学校应该称为"爱心小学"。无论是爱心小学还是希望小学，它们都具有一个共同点，那就是由某个人或者某个民间团体援建而成，具有很强的公益性，并且社会对这些小学已形成普遍共识，有了较高的认知度与认可度。因此在本书中，为了方便理解，尽可能地简化概念，无论其学校的援建性质属于爱心小学还是严格意义上的希望小学，笔者均将其统称为"希望小学"。

2.1.2　新希望小学的定义

长久以来，希望小学与大多数的城市学校一样，是在当地行政部门的主导下，由本地的相关机构设计并建造而成的[注 2-5]。在设计过程中，建筑设计师的主要中心任务是确保设计方案符合学校建筑的设计规范，因此其设计手法往往趋向于标准化和统一化[注 2-6]。学校建筑也多是由均一化的混凝土方盒子组建而成的，空间单调而封闭，与当地的社会与文化的联结并不紧密[注 2-7]。

然而，近年来由于对农村地区教育设施的关注度的提高以及震后学校重建的需要，更多的外部建筑设计师（指希望小学所在地区以外的，来自北京、上海、深圳、香港、天津等城市或者日本等海外的建筑设计师，以下均简称为"外部建筑设计师"）在 NGO 等的支援下，主动加入希望小学的建设队伍。由他们设计建设的希望小学建筑，大多数与以往的学校建筑不同。它们拥有更具多样性、开放性以及灵活性的教学活动空间，以及可以开展更多的与素质教育相关的教育活动的实践场所。本书暂且把这些由外部建筑师设计建设而成的并同时具有创造性空间的希望小学称为"新希望小学"。

2.1.3 新希望小学的建设背景、竣工年份和地理分布状况

在城市与农村之间的教育发展水平、办学条件的差距不断被拉大的背景之下，为了支持城乡义务教育的均衡发展，改善农村的办学条件，从2001年开始，国家对农村义务教育学校进行了布局调整，并发布了相关的政策，一定程度上较好地整合了教育资源，提高了办学资金的利用率，满足了农民子女在"有学上"之后"上好学"的愿望（马李丽&冯文全，2014）。与此同时在民间，一方面为了响应国家的号召，提高农村学校设施的质量，另一方面也因为汶川、青海等地区的地震发生以后大量学校的重建需求的产生，北京、深圳、香港、台湾等地区的建筑师或通过NGO、基金会组织以及慈善团体的资金支援，或通过自行组织捐款活动设计并建造了多所新希望小学。其中，由建筑师自发联合起来成立的如"土木再生"[注2-8]等专业化的NGO组织开展的校舍建设资金的募捐活动颇具代表性。值得注意的是，这个活动参考了台湾"9·21"大地震后开展的"新校园运动"[注2-9]。

为了更好地研究这些颇具个性和创造性的学校，笔者从近年来的建筑杂志、建筑著作以及建筑网站上登载过的学校案例中，挑选出了在2004年至2015年，由外部建筑设计师设计并建造而成的位于农村地区的31所新希望小学作为本书的主要研究对象[注2-10]。其中有14所是2008年汶川大地震、2010年玉树地震、2011年云南地震[注2-11]以及2013年的甘肃地震[注2-12]发生以后重建而成的。比较这31所学校的竣工年份可以看出，地震发生后的2009年、2010年以及2012年建设的新希望小学的数量达到了一个峰值，而从2015年开始，随着2013年中央农村工作会议上社会主义新农村建设的总体目标和要求的确定，新希望小学的建设数量又开始迎来一个新的峰值（图2-1）。

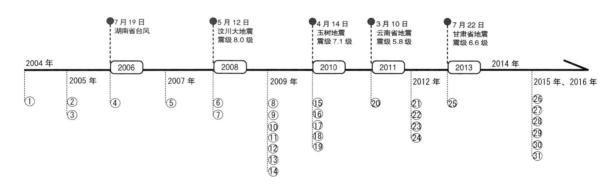

○　中号码所表示的新希望小学与地理位置分布图中表示的小学一致

图2-1　新希望小学的竣工年份

从地理分布来看，31所学校分别位于四川省、甘肃省、云南省、广东省、福建省、江西省、湖南省、安徽省、青海省、广西壮族自治区以及西藏自治区等11个省份的乡镇或村落。其中四川省、甘肃省、云南省和青海省的农村地区为地震受灾区域（图2-2）。

为了详细地验证这31所新希望小学究竟在哪些地方与以往标准化的中国学校建筑不同，并深刻探寻为什么会产生这些不同点的原因，接下来笔者将会从"设计理念""校舍布局""教室空间构成""开放空间的构成"以及"和与当地社会的协作相关的空间设计""建筑材料""建筑结构与技术"这几方面对研究对象的建筑空间进行分析并且对其设计和建设的过程进行详细调查与研究。

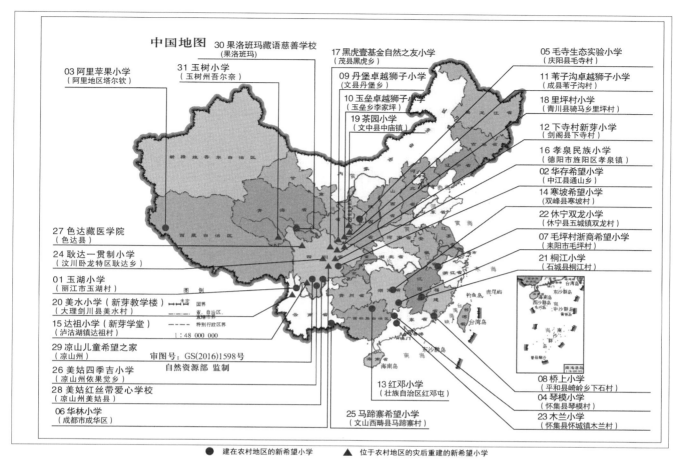

● 建在农村地区的新希望小学　　▲ 位于农村地区的灾后重建的新希望小学

图 2-2　新希望小学的地理位置分布

2.2　新希望小学的建筑空间

2.2.1　多角度出发的设计理念

笔者根据建筑设计师在建筑专业杂志、书籍以及设计事务所官方网页上发表的言论（表 2-3），对他们设计的 31 所学校中 29 所[注 2-13] 的设计理念进行了分析。而对于其中不明确的部分，笔者通过直接采访建筑设计师进行了确认。通过以上的分析研究，笔者把 31 所新希望小学的设计理念分为地方问题解决型、本土文化传承／发展型、教育改革实践／促进型、灾害应对建筑系统开发型这四种类型（表 2-4）。下面笔者将结合实例对这四种类型的设计理念进行详细的解说。

1. 地方问题解决型

地方问题解决型是指建筑设计师以解决当地居民之间交流空间的不足、当地经济与产业的衰退、居住环境的落后等当地社会存在的多种多样的问题为目标，对学校设施采用复合化的设计。

建筑设计师在了解到预建学校所在的地区中存在着当地产业以及经济发展长期停滞、基础设施欠缺以及可供当地居民交流活动的公共空间缺失等问题后，把解决这些地方特有的社会问题作为设计概念的出发点，结合学校建筑和桥、产业教育基地、村图书室、社区活动中心、社区运动设施或医院等

表 2-3　建筑设计师有关设计理念的言论

设计理念类型	学校名	建筑设计师	来源	有关设计理念的言论（笔者简要转述）
地方问题解决型	桥上小学	李晓东	参考文献 51 ）/p54	村落的公共空间、交流场所、活动中心的不足导致当地居民之间缺乏交流；河两岸的连接不足导致了当地居民交往减少；当地资源的不足引发当地发展停滞；学校和桥的整合这一设计理念不仅为当地提供了教育空间，而且还解决了河两岸的交通问题，创造了村落的交流中心
	琴模小学	林君翰、Joshua Bolchover(RUF)	参考文献 47 ）/p156	因青壮年村民外出打工，当地的农业等主要经济产业正在衰退；本项目的设计理念是通过科学农业教育、生产学习等，让村落的自给自足经济模式得到发展；以通过可持续发展的农业实践技术的普及，提高村民对农业生产的热情，并增加村民得到终身教育的机会为主要目标；新校舍为村民的社区活动和知识交流提供场所
	毛寺生态实验小学	吴恩融	参考文献 57 ）/p57	本项目不仅旨在为当地的孩子提供舒适的学习环境，而且希望以此为契机提供适应当地环境现状的生态建筑示范；想向当地的居民传达"通过利用当地的传统技术可以改善生活条件和居住环境"这一理念
	色达藏医学院	郭鹏宇	参考文献 70 ）/p57	设计理念是旨在通过应用于开发当地的建筑技术，将有限的技术的应用范围扩展到更广的领域
	茶园小学	aYa 阿尼那建造生活设计	参考文献 69 ）/p22	学校是每个人的学校，各种类型的使用者可以在不同的时间段内使用活动设施、卫生设施、教室、图书馆、舞台、花园等；可以将作为村落的公共活动中心的学校向当地开放；公共空间就像人体的穴位一样是村落的活力的原点；当地居民在学校的聚集活动可以促进互动交流、娱乐以及创造当地的价值
	马蹄寨希望小学	日建设计 / 上海	参考文献 66 ）/p112	不仅是建设学校，而且想对村落的活力原点进行再定义；以"一校一艺、一村一技"为主题，在人口稀少的村庄创建可以传授劳动技能、弘扬传统地方文化和民族文化的教育场所——小学，旨在促进乡村和学校的共同发展，并激发本土民族魅力和村民的自豪感
本土文化传承 / 发展型	凉山儿童希望之家	aYa 阿尼那建造生活设计	事务所网址：ayaarch.com	该理念旨在关注地方传统的建筑构造和建造方法的传承和改良；旨在建设适合当地文化、环境和儿童成长的新建筑
	红邓小学	香港中文大学	参考文献 68 ）/p233	新的教学楼保留了传统民居即"吊脚楼"的特色，并将当地的传统建筑技术与现代建筑理念相结合
	玉湖小学	李晓东	参考文献 46 ）/p40	该理念是基于对当地传统文化、建筑构造、建造方法、建筑材料和资源的研究而形成的
	阿里苹果小学	王晖、戴长靖	参考文献 72 ）/p114、p117	首先考虑使用当地建筑材料；广泛利用该地区唯一的建筑材料——鹅卵石；西藏的石材的利用颇具地方文化特色；设计理念是基于对传统西藏建筑的研究而产生的
	毛坪村浙商希望小学	王路工作室、壹方建筑	参考文献 67 ）/p70	把建筑体量、剖面、建筑材料、色彩等与周边地区的传统民居统一起来；通过学校设计的实践活动，探索对当地的各种文化进行传承和创造的可能性
	寒坡希望小学	魏春雨	参考文献 65 ）/p190	基于对当地传统民居、建筑构造、建造方法和建筑材料的研究和考察进行设计
	黑虎壹基金自然之友小学	东梅 / 北京别处空间建筑设计事务所	参考文献 48 ）/p68	在尊重场地周围的地形和条件、考量当地的实际现状、注重与当地城镇景观的和谐的基础上进行设计；为了体现当地的气候特征和传统特色，参考当地传统民居进行设计；把当地本土文化的传承当作第一条件进行设计
	果洛班玛藏语慈善学校	aYa 阿尼那建造生活设计	事务所网址：ayaarch.com	参考当地的传统民居进行设计；旨在使学校成为社区的精神寄托；设计强调了教育与藏传佛教之间的紧密联系
	丹堡卓越狮子小学	朱涛、余加、李晓都 / "土木再生" NGO 组织	参考文献 59 ）/p57	我们在探讨了现代教育理念、当地生态环境、文化传统以及与当地社区的关系的基础上进行了空间设计；此外还在尊重文化传统并反映当地居民的感受和记忆的基础上，创造性地拓展当地文化
	玉垒卓越狮子小学			
	苇子沟卓越狮子小学			

续表

设计理念类型	学校名	建筑设计师	来源	有关设计理念的言论（笔者简要转述）
本土文化传承 / 发展型	里坪村小学	刘振	https://www.gooood.cn/liping-primary-school-by-liuzhen.htm	侧重于对按传统结构"串斗式木架构"制成的庙宇进行改建
	耿达一贯制小学	张颀	参考文献 64）/p52	尊重当地的自然条件、地方历史、本土文化和传统的生活方式，并重新构建乡村生活的空间；受到当地传统民居（融合了体现羌族和汉族文化的"板屋"）的启发
	美姑四季吉小学	aYa 阿尼那建造生活设计	事务所网址：ayaarch.com	旨在继承和发展彝族的传统建筑文化和风格，将其与当地建筑风格融合，使建筑与乡镇景观和谐相处
	华存希望小学	朱涛	参考文献 60）/p54	由于成本限制而产生了"地域主义"；从一开始，就致力于将当地的传统民居风格与学校建筑融合在一起
	美水小学（新芽教学楼）	朱竞翔	参考文献 45）/p75	受当地景观、场地地形、乡村景观的启发；在设计中融入当地传统民居风格
教育改革实践 / 促进型	孝泉民族小学	华黎 /TAO 迹建筑事务所	参考文献 53）/p65	旨在通过创造多样化的建筑空间，为学生提供不同尺度的空间体验来促进学生的多样化交流活动的开展，改变传统的应试教育模式，充分激发孩子的想象力、好奇心以及个性发展
	桐江小学	林君翰、Joshua Bolchover(RUF)	参考文献 73）/p175	旨在创建一个类似庭院的操场并提供充分利用地形的户外教室
	木兰小学	林君翰、Joshua Bolchover(RUF)	参考文献 74）/p152	除了增建之外，我们还扩展了庭院空间，并利用各种开放性的空间将整个基地连接起来；旨在创建一个由各种不同元素相互连接而成的开放性的空间
灾害应对建筑系统开发型	下寺村新芽小学	朱竞翔	参考文献 44）/p48	重建的学校是一个将结构系统、环境负荷、社会经济等整合并系统化的研究结果；研究开发了可以轻松、快速地搭建并具有很高的内部环境性能的基于轻钢框架和木基板材的复合建筑系统
	达祖小学（新芽学堂）	朱竞翔	参考文献 43）/p49	我们研究开发了一种新型的轻钢框架建筑系统；研究并开发了可以轻松、快速构建的永久性建筑系统；提供可以应对灾害的建筑系统和环保学校的模型
	休宁双龙小学	吴钢、谭善隆、维四平（WSP）建筑设计事务所	参考文献 49）/p278	建筑是基于对可广泛普及运用的科学建造技术的研究而设计的，旨在最大程度地减少建设活动对环境和村民生活的影响；使用预制建筑材料和工厂生产的可组装的建筑部件，以减少施工期间的现场工作
	华林小学	坂茂、松原弘典、殷弘、邓敬（协助）	参考文献 63）/p74	重点放在灾难发生后如何快速高效地重建学校

表 2-4　设计概念的分类

类型	地方问题解决型	本土文化传承 / 发展型	教育改革实践 / 促进型	灾害应对建筑系统开发型
特征	以解决当地居民之间交流空间的不足、本土经济与产业的衰退、基础设施的不足等当地社会问题为设计理念的出发点，从而把学校与桥、产业教育基地、村图书室、社区活动中心、社区运动设施以及医院等各种当地社会所需的设施进行复合化设计； 把改善当地的居住环境作为设计的出发点，在对当地传统民居进行研究的基础之上，利用设计建设新希望小学这个机会，创造摸索出可以改善当地居住环境的新的建筑模式	把实现当地本土的文化传承、当地传统的建造方式的传承与发展这一目标作为学校设计概念的中心点进行方案设计，把当地固有的文化和传统工艺纳入设计理念当中，而且为了实现建筑与村落整体环境的和谐，在设计时灵活运用当地传统民居的建造方式、建材、样式等等	以"为素质教育活动提供实践场所和空间，并以此推进教育改革"作为设计概念的创意出发点，基于儿童的视角和空间体验，设计了具有符合儿童尺度感以及空间感等特性的丰富的学习活动空间	把对能够应对地震、风灾等自然灾害的新的建造系统的研究与开发作为设计概念的出发点，以更广泛地普及可应对自然灾害的新型建筑模式为目标，自主研发与运用了具有高抗震性、自重轻、易快速搭建、运输方便等特征的新的建造方式、建筑结构与材料
案例数	6 例	16 例	3 例	4 例

各种当地社会所需的设施进行复合化的综合设计。另外，也有建筑设计师把改善当地的居住环境作为设计的出发点，在对当地传统民居进行研究的基础之上，利用建造新希望小学这一机会，创造摸索出可以推动当地居住环境发展的新的建筑模式。

案例：桥上小学

竣工年份： 2009 年

所在地： 福建省平和县崎岭乡下石村

特征： 农村小学

■桥和学校一体化

■校舍横跨小河联结两岸

■学校放假期间，学校建筑被当作当地社区的交流空间使用

桥上小学是一个横跨在一条河上，分别连接两岸土楼，将"桥"和"学校"融为一体的公共设施。学校校舍包含两个教室、一个图书馆和一间小商店，校舍下方的桥是供村民用的步行桥。建筑师的"一座跨越溪水连接两个土楼的桥"这一最初的灵感首先来自"过去两岸的土楼中住着敌对家族"这一传说。此外，通过在当地的考察，建筑师还了解到由于村内的公共空间、交流场所的不足导致了当地居民之间缺少交流，河两岸的连接不足导致了当地居民交往减少等问题，因此提出了"整合学校和桥的功能"的这一设计理念，不仅旨在能为孩子们提供学校教室，解决村内的交通问题，而且还希望能为整个村落提供一个交流中心（图 2-3）。

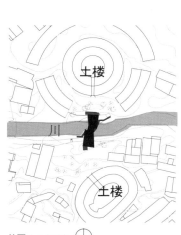

总图 1：2500

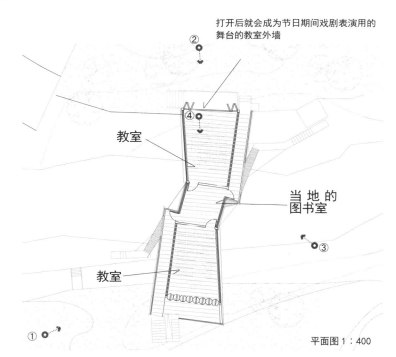

打开后就会成为节日期间戏剧表演用的舞台的教室外墙

教室

当地的图书室

教室

平面图 1：400

根据参考文献 51）的 pp58 中登载的图片资料制成

图 2-3-1 桥上小学设计图

①横跨小河联结两岸的桥上小学是村里唯一的公共设施

②两端的教室的外墙完全打开后，就会成为节日时村落的戏剧舞台，在假期学校会被用作当地社区的交流空间

③联结两岸土楼的校舍下方悬挂着一个可供村民使用的钢制步行桥

④教室内的呈阶梯状的地板成为学生的座椅，教室后方的墙面上设置了书柜，教室两侧是走廊

＊照片③④的出处：参考文献 51）的 pp53，pp57

图 2-3-2　桥上小学实景照片

2. 本土文化传承／发展型

本土文化传承／发展型是指建筑设计师以当地本土的文化传承、当地传统的建造方式的传承与发展为目标，把传统文化与设计理念的融合、传统建造方式与建筑材料的活用等作为学校设计概念的中心点进行方案设计。

在城镇化大潮中，如何继承与发展乡村的本土文化是秉承这个类型的设计理念的学校建筑设计师关心与思考的问题。因此，他们把这个问题作为设计概念的出发点，不仅积极地把当地固有的文化和传统工艺纳入设计理念当中，而且为了实现建筑与村落整体环境的和谐，在设计时还灵活运用了当地传统民居的建造方式、建材和样式等。

案例：玉湖小学

竣工年份：2004 年

所在地：云南省丽江市玉湖村

特征：农村小学

■利用当地本土特有的环境、文化要素和建筑材料

■以活用当地传统文化、建造技术、建筑材料为设计理念

■灵感来自传统文化

　　玉湖小学位于云南省丽江古城旁的玉龙雪山脚下居住着纳西族等少数民族的玉湖村。2004 年，学校在捐助者和地方政府的支持下，在现有校舍旁边增建了一座新校舍。这座新校舍的设计理念的核心是"对当地传统文化、建筑技术和建筑材料的灵活运用"。它是建筑师在对当地传统文化、建筑构造、建造方法、建筑材料和资源的研究的基础之上得来的。其中特别值得注意的是，建筑师还将融雪水和水池等元素引入了建筑设计中，其灵感来源于"将玉龙雪山的融雪水引进民居里的庭院"这一当地传统文化（图 2-4）。

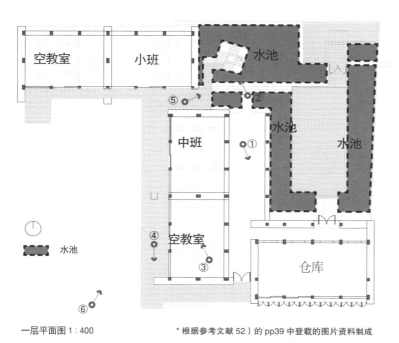

一层平面图 1：400

* 根据参考文献 52）的 pp39 中登载的图片资料制成

①被水池包围着的校舍是利用石灰石、木材等当地按传统构造方式建造而成的

②校舍中庭内的水池的正中间，设置了一个由石材包裹着的混凝土支柱以及由钢制台阶踏板构建而成的独立的室外楼梯

* 照片②⑤⑥的出处：参考文献 52）的 pp37，pp42；照片③④的出处：建筑时空，ccbuild.com，提供者为玉湖小学建筑师李晓东

图 2-4-1　玉湖小学设计图及实景照片

③从传承当地文化和创造丰富的教育环境的角度出发对教室的内部进行了木质铺装

④木制铺装的教室外走廊的墙面上设置了采光窗，从而保证了良好的通风和采光，使得校舍整体明亮起来

⑤登上立在水面上的室外楼梯，可以看见更远处的村落景观和玉龙雪山

⑥以运用当地特有的环境和文化要素，活用当地传统文化、建筑构造和建造方法为中心，设计建造而成的玉湖小学与周围的由传统建筑样式构成的村落景观环境和谐共处

图 2-4-2　玉湖小学实景照片

3. 教育改革实践 / 促进型

教育改革实践 / 促进型是指为了响应和进一步推进教育改革，建筑设计师把"为素质教育活动提供实践场所和空间"作为设计概念的创意出发点，以设计符合儿童身体尺度的空间为设计方案的中心点进行方案设计。

从 20 世纪 80 年代后期开始，重视学生的自主性和创造性的素质教育成为我国教育改革中的重要指导方针，因此各个学校长期以来一直在积极开展有关素质教育的教学活动。建筑设计师为了可以更好地支持这些教学活动的开展，从硬件上推进教育改革的实施，以"为素质教育活动提供实践场所和空间"作为设计概念的创意出发点，基于儿童的视角和空间体验，设计了具有符合儿童尺度感以及空间感等特性的丰富的学习活动空间。

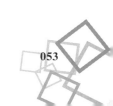

案例：孝泉民族小学

竣工年份：2010 年

所在地：四川省德阳市旌阳区孝泉镇

特征：震后重建·农村小学

■汶川大地震后重建

■从儿童的视角出发创造多样化的空间

■创建适合儿童身体尺寸的空间

■以激发孩子的想象力、好奇心、个性发展为目的

　　孝泉民族小学是"5·12"汶川大地震后重建的小学，位于少数民族聚居地区的四川省德阳市旌阳区孝泉镇。孝泉民族小学的设计理念是旨在通过创造多样化的建筑空间，并为学生提供不同尺度的空间体验，来促进学生多样化交流活动的开展，改善传统的应试教育带来的消极影响，充分激发孩子的想象力、好奇心以及个性发展。因此，建筑师在校园中的各个角落创造了许多可以支持各种自习和交流活动的半室外阅读角或洞穴一样的小空间等适合儿童身体尺度的空间（图 2-5）。

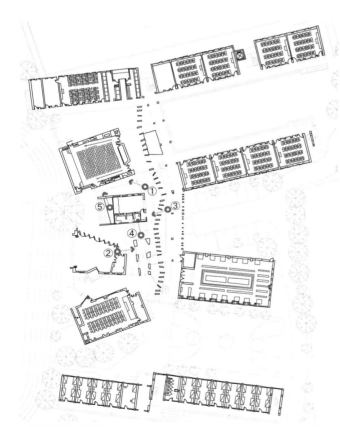

一层平面图 1：1 000

* 根据参考文献 54）的 pp91 中登载的图片资料制成

①在教学楼的外墙上设置的半室外的图书阅览角里，一直放置着很多图书，即使在 10 分钟的课间休息时间内，也会有很多学生来图书角看书

②平台及用木材铺装过的乡土文化展示角成为学生们的课后交流场所

图 2-5-1　孝泉民族小学设计图及实景照片

③在室外的走廊里设计了不同大小的开洞以及不同高度的长凳，因此课间和放学后，这里成为学生们自习和玩耍的空间

④建筑师在洞穴一样的小尺度空间里设计了与墙体一体化的长凳，因此学生们常常在这里聊天和玩耍

⑤教学楼的外墙上设计了大小和形状不同的凹陷型空间，学生们可以在这种用木材铺装过的私密型小空间里读书与讨论

* 照片⑤的出处：参考文献 53）的 pp65

图 2-5-2　孝泉民族小学实景照片

4. 灾害应对建筑系统开发型

　　灾害应对建筑系统开发型是指建筑设计师把对能够应对地震、风灾等自然灾害的新的建造系统的研究与开发作为设计概念的出发点，以更广泛的普及可应对自然灾害的新型建筑模式为目标，自主研发与运用了具有高抗震性、自重轻、易快速搭建、运输方便等特征的新的建造方式、建筑结构与材料。

案例：休宁双龙小学

竣工年份：2012 年

所在地：安徽省休宁县五城镇双龙村

特征：农村小学

　　■抗震性能高，施工速度快

　　■建筑材料自重轻，运输方便

　　■运用轻钢结构及新型建筑材料

　　休宁双龙小学坐落于安徽省休宁县五城镇双龙村。2010年，因为校舍空间不足，建筑师在学校基地上又增建了一座新校舍。为了给孩子们提供一个安全防震的校舍，同时也为了不影响教学在暑假期间集中完成建设，新校舍的增建工程以快速、精准、安全为首要目标。因此，建筑师强调使用具有较强抗震性、质量轻、施工速度快、易于运输等特点的新型建筑材料和结构，并用岩棉夹芯墙板、阳光板等外墙新材料、轻质工业产品和轻钢结构来代替水泥板和玻璃等常规建材（图2-6）。

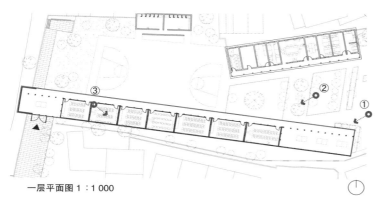

一层平面图 1：1000

*根据参考文献55）中登载的图片资料制成

⑤新校舍的外观

⑥轻钢结构

*照片①的出处：参考文献56）的pp8；照片②的出处：参考文献49）的pp278；照片③④⑥的出处：参考文献55）的pp98–99

①用岩棉夹芯墙板、阳光板等外墙新材料，轻质工业产品和轻钢结构来代替水泥板和玻璃

②轻钢结构的新校舍，其特点有质量稳定、抗震性强、质量轻、易于运输等

③设置有高度不同的细长形窗户的教室

④剖面与分析图

图2-6　休宁双龙小学设计图及实景照片

从以上四种类型的设计理念所对应的学校的案例数来看，属于本土文化传承／发展型的学校最多，29 例中有 16 例，其次是地方问题解决型 6 例，灾害应对建筑系统开发型 4 例，教育改革实践／促进型 3 例。由此可以看出，在新希望小学的设计概念中，对当地社会的发展以及本土文化的传承最受建筑设计师的重视，同时应对地震灾害的技术开发也备受关注，而适应教育改革要求的教育空间方面的建筑设计实践还需要得到更多的重视。

2.2.2　多元化的校舍布局

通过对学校总平面的分析，31 所新希望小学的校舍布局可以分为分割型、分散型、围合型、多翼型、单体型这五种类型（表 2-4）。

（1）分割型是指基地被建筑物分割为几个部分，从而形成多个儿童活动空间的一种校舍布局。

（2）分散型是指多个建筑物被分散布置于基地之中的校舍布局。建筑物之间的空间多为庭院或者操场。

（3）围合型是指由多个建筑物构成的校舍沿基地四周围合排布的校舍布局。被校舍围合而成的内部空间也多被设置成操场或庭院。

（4）多翼型是指多个建筑物以开放式的廊道为中轴线进行排列的校舍布局。属于这个类型的学校其规模往往都较大。

（5）单体型是指校舍只包含一栋单体建筑，其往往被设置于基地的中央或一边，建筑形态也多半是正方形或者长方形。

表 2-4　校舍的布局

类型		特征	案例　1∶5 000	案例数
分割型	总建筑面积在 500 ㎡ 以上的比较多	基地被建筑物分割为几个部分，从而形成多个儿童的活动空间	华存希望小学 总面积：1 350 ㎡ 学生数：740 人 教师数：31 人	3 例
分散型		多个建筑物被分散布置于基地之中，建筑物之间的空间多为庭院或者操场	毛寺生态实验小学 总面积：938 ㎡ 学生数：360 人 教师数：15 人	4 例
围合型		多个建筑物构成的校舍沿基地四周围合排布，被校舍围合而成的内部空间也多被设置成操场或庭院	黑虎壹基金自然之友小学 总面积：4 409 ㎡ 学生数：89 人 教师数：15 人	9 例

续表

类型		特征	案例　1：5 000	案例数
多翼型	总建筑面积在500 m²以上的比较多	 多个建筑物以开放式的廊道为中轴线进行排列，属于这个类型的学校规模往往都较大	孝泉民族小学 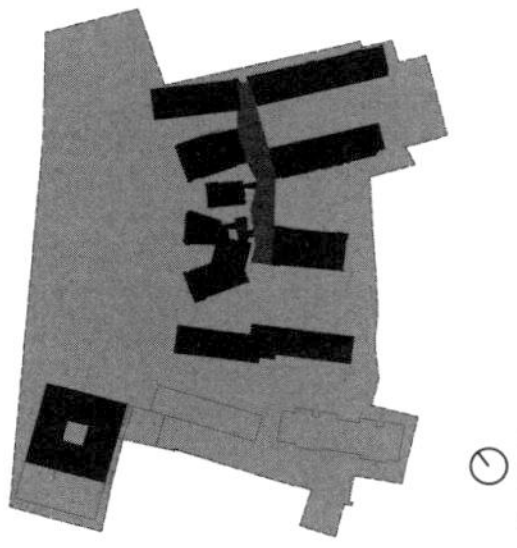 总面积：8 900 m² 学生数：1 154 人 教师数：98 人	3 例
⑤单体型	总建筑面积在500 m²以下的比较多	 校舍只有一栋单体建筑，其往往被设置于基地的中央或一边，建筑形态也多半是正方形或者长方形	桥上小学 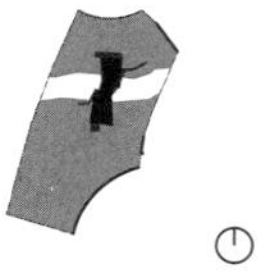 总面积：240 m² 学生数：48 人 教师数：3 人	12 例

另外，通过比较各种类型的校舍布局以及各个学校的总建筑面积可以知道，属于分割型、分散型、围合型以及多翼型的学校，其总建筑面积在 500 m² 以上的比较多，而属于单体型的学校，其总建筑面积在 500 m² 以下的较多。

从五种校舍布局类型所对应的学校实例数的分析来看，属于单体型的学校最多，31 例中有 12 例；其次是围合型，9 例；分散型，4 例；多翼型和分割型最少，分别为 3 例。据此可知，这 31 所新希望小学的校舍布局属于单体型和围合型的居多。

2.2.3　创造性的教室空间构成

1. 教室空间构成的分类

根据对学校平面的分析，31 所新希望小学的教室空间构成可以被分为一体型、单元分散型、排列型、中庭型这四种类型（表 2-5）。其中，属于排列型的学校最多，有 11 例，其次是中庭型 10 例，一体型和单元分散型各 5 例。

2. 教室的空间构成的分析

1）一体型

一体型是指将数个教室紧凑地布置在一个平面内，并通过设计共享空间或设置出入口来连接各个教室。属于这一类型的以单层建筑物、小规模的学校居多，其空间多与居住空间的性质相似，更具有"家"的氛围。

表 2-5　教室的空间构成

类型	特征	案例　1：1000	案例数
一体型	紧凑地安排各教室的平面布置； 通过设计共享空间或者设置出入口来连接各个教室； 属于这一类型的以单层建筑物、小规模的学校居多； 空间多与居住空间的性质相似	达祖小学（新芽学堂）	5 例
单元分散型	把一个或者两个教室作为一个空间构成单元，在基地内进行排列组合，从而使构建的校舍与基地环境形成了空间上的整体性和连续性	毛寺生态实验小学	5 例
排列型	把教室沿同一个方向连续排列布置的空间构成形式； 属于这个类型的校舍都为单层建筑或者是二层建筑	琴模小学	11 例
中庭型	围绕中心操场或者中央庭院布置教室； 被教室围绕的操场或庭院往往成为儿童的交流活动空间	木兰小学	10 例

> **案例：达祖小学（新芽学堂）**
>
> **竣工年份：** 2010 年
>
> **所在地：** 四川省泸沽湖镇达祖村
>
> **特征：** 震后重建·农村小学
>
> ■ 研究与开发新轻钢结构系统
>
> ■ 研发易快速搭建的建筑系统
>
> ■ 提供可应对自然灾害的新型建筑与学校模型模式

　　达祖小学（新芽学堂）坐落于四川省盐源县泸沽湖镇达祖村。这个村子是一个总人口达 900 多人的纳西族古村落，紧邻以美丽景色而扬名海外的泸沽湖。达祖小学（新芽学堂）的新建校舍是一座由 C 形轻钢骨架与填充板材构成的复合结构单层建筑，包含两间标准教室、一间多功能教室以及一个图书阅览室。建筑师摒弃了以往的传统单向走廊排列型的教室平面设计，紧凑地把这 4 个房间布置在一个平面呈正方形的校舍基地中，用教室的门、可移动的隔断墙或者小尺寸的共享空间来联结各教室，使得使用者可以自由地进出每个教室。这样的平面布置不但在低建设成本的条件下节约了走廊空间，而且使得教室的空间性质更接近于普通的居住空间，为学生营造出了家的氛围。另外，各个房间的墙面还采用了半透明的 U 形玻璃建筑材料，这不仅使得每个房间可以借到隔壁房间的光线，而且使整个室内更具开放性（图 2-7）。

① 单层校舍的屋顶上设置了采光用的天窗

② 4 个教室被紧凑地安排在一个正方形的平面中。教室之间由门、可移动的隔断墙联结。墙面采用了半透明的 U 形玻璃建筑材料

③ 教室与传统的封闭型教室不同，性质更接近于居住空间

④ 课间和放学后，多数学生在教室里自习或进行小组学习

图 2-7-1　达祖小学（新芽学堂）实景照片

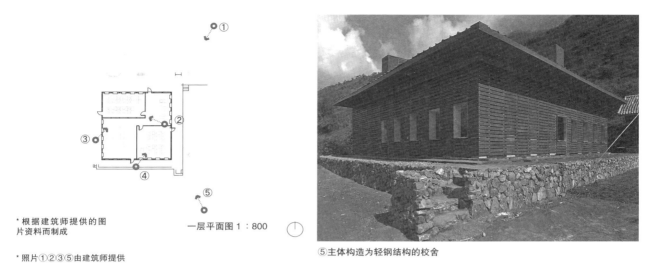

* 根据建筑师提供的图
片资料而制成

一层平面图 1：800

* 照片①②③⑤由建筑师提供

⑤主体构造为轻钢结构的校舍

图 2-7-2 达祖小学（新芽学堂）设计图及实景照片

2）单元分散型

单元分散型是指把一个或者两个教室作为一个空间构成单元，在基地内进行排列组合，从而使构建的校舍与基地环境形成了空间上的整体性和连续性。

> **案例：毛寺生态实验小学**
>
> **竣工年份：** 2007 年
>
> **所在地：** 甘肃省庆阳县毛寺村
>
> **特征：** 农村小学
>
> ■为孩子们提供舒适的学习环境
>
> ■提供适合当地现状的生态建筑模型
>
> ■利用当地传统的建筑工艺
>
> ■改善当地的居住环境

毛寺生态实验小学位于甘肃省庆阳县毛寺村。建筑师将改善当地居住环境作为建筑设计理念，根据对当地传统房屋的调研，创建了能够对当地居住环境的发展起到促进作用的新的学校建筑。被村中的层层梯田包围着的小学校舍，共由 5 个教室单元组成。每个教室单元包含两个教室。为了获得足够的阳光和良好的通风，这 5 个教室单元被分别布置在不同高度的场地上。被教室单元环绕着的中庭里还设有呈阶梯状的平台，供学生们互动交流和玩耍。另外，值得一提的是教室单体建筑的造型设计还参考了当地传统的木结构坡屋顶民居设计（图 2-8）。

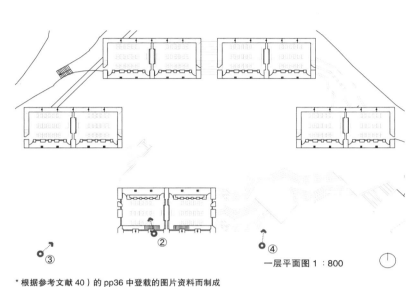

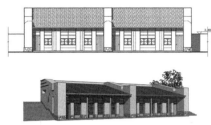

①参考了当地民居传统木结构坡屋顶设计的教室

②厚重的土坯墙和木框架双层玻璃的运用保证了教室室内环境的舒适稳定

一层平面图 1：800

* 根据参考文献 40）的 pp36 中登载的图片资料而制成

③以当地黄土为建筑材料的校舍很好地融入了周围环境

④阶梯状的平台成为学生们的交流和游戏场所

⑤被层层梯田环绕着的学校

* 照片①的出处：参考文献 57）的 pp59；照片②③④⑤的出处：参考文献 40）的 pp34-41

图 2-8　毛寺生态实验小学设计图及实景照片

3）排列型

排列型是指把教室沿同一个方向连续排列布置的空间构成形式。属于这个类型的校舍都是单层建筑或者二层建筑。

案例：琴模小学

竣工年份：2006 年

所在地：广东省怀集县琴模村

特征：农村小学

■通过进行科学农业教育、生产学习等让村落的自给自足的经济模式得到发展

■旨在提高村民对农业生产的热情，并增加村民得到终身教育的机会

■为村民的社区活动和知识交流提供场地

位于广东省怀集县琴模村的琴模小学的教室、图书室以及教师办公室都是沿着 S 形曲线排列布置的，其中的部分出入口朝向北面的操场。一个大阶梯将这个操场与校舍的屋顶连接起来（图 2-9）。

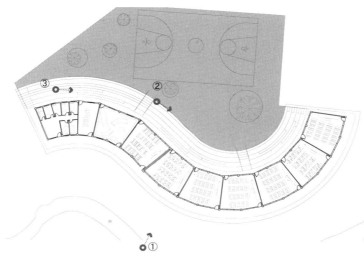

* 根据参考文献 47）的 pp156 中登载的图片资料制成

一层平面图 1：800

①琴模小学的设计灵感来源于当地特有的阶梯状的地形。建筑师用一个大阶梯把教学楼的屋顶和操场相连接起来，由此形成了一个拥有舞台和观众席的公共空间，服务于当地的社区活动和学生的交流活动

②教室的旁边设有教师们的宿舍

③连接教学楼屋顶与操场的大阶梯和教室北侧的墙面形成的夹角空间变成了一个走廊

* 图①②③的出处：参考文献 47）的 pp156，pp160

图 2-9　琴模小学设计图及实景照片

4）中庭型

中庭型是指围绕中心操场或者中央庭院布置教室空间。被教室围绕的操场或庭院往往成为儿童的交流活动空间。

> **案例：木兰小学**
> **竣工年份：** 2012 年
> **所在地：** 广东省怀集县怀城镇木兰村
> **特征：** 农村小学
> ■ 采用旧教学楼的中庭与新教学楼的中庭相连的一体化设计
> ■ 使地面与图书室的屋顶相连的大阶梯成为学生室外活动空间

木兰小学位于广东省怀集县怀城镇木兰村，校舍由一栋旧教学楼和一栋新教学楼构成。后建的新教学楼面朝旧学楼的中庭入口，其中庭与旧教学楼的中庭连成一片。围绕着操场倾斜布置的花坛和水池使得教学楼间的中庭和操场在空间上形成了一种联结，让整个学校地面层上的活动具有了一定的连续性与开放性。

新教学楼的 6 个教室以中庭为中心在四周排布。各教室的大小为 8.25 m×6 m，比标准的小学教室要小些。连接着中庭地面和新教学楼屋顶的大阶梯常被用作学生交流玩耍的场地（图 2-10）。

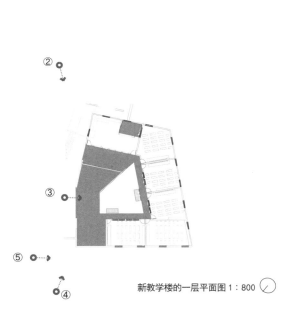

新教学楼的一层平面图 1：800

* 根据参考文献 58）的 pp93 中登载的图片资料制成

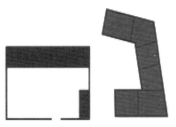

①旧教学楼设有 5 个教室，新教学楼设有 6 个教室

②新教学楼的屋顶上铺设的是村里的废弃的瓦

图 2-10-1　木兰小学设计图及实景照片

③四面被校舍包围的中庭是学生们的交流活动空间

④放学后，和地面相联结的图书室的屋顶也成为学生们的交流场地

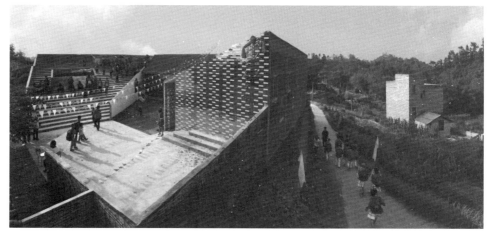

* 照片①②③④⑤的出处：参考文献 58) 的 pp88–92

⑤新教学楼和中庭

图 2-10-2　木兰小学实景照片

2.2.4　自由多样的开放空间

1. 开放空间的构成的分类

在 31 所新希望小学中，有着以往学校里很少能看到的用途不固定的并且可供自由使用的开放性空间。因此，为了明确这些学校里作为素质教育的实践场所的设计创新特点以及空间利用特征，笔者对其中的开放空间的构成进行了分类与分析。

31 所新希望小学中的开放空间可以分为小规模型、教室开放型、屋顶 / 露台开放型、半室外空间型、广场开放型这五种类型（表 2-6）。

表 2-6　开放空间的构成的分类

类型	小规模型	教室开放型	屋顶 / 露台开放型	半室外空间型	广场开放型
特征	阅读角、小组学习室等半室外的小规模空间	通过设置可移动的墙面，教室与外部空间得以连接，从而使得教室能够被自由转换为可开展各种活动的具有灵活性的多功能室	具备开放性和连续性的一层以上的露台、走廊和屋顶层积极地引入了底层以上的外部空间	不受天气影响，具有灵活性、开放性的半室外空间的设计	在操场上，阶梯状的平台和坡道的设置形成了不同高差与形状的室外空间，为学生和老师的多种活动的开展提供了场地
案例数	6 例	3 例	6 例	8 例	8 例

从五种类型的开放空间的构成所对应的学校实例数来看，最受建筑师们关注的是室外与半室外的活动空间的创造，其次是支持学生的自习和小组学习活动的多元化空间的创新。而开放的教室空间的创建相对来说还比较少。

2．开放空间的构成的分析

1）小规模型

小规模型是指在学生触手可及或容易看到的地方设计可供随时使用的、适合儿童身体尺寸的半室外小规模空间。根据现场调查可知，这些小空间正支持着学生的自习、小组学习、游戏、讨论和交流等活动的开展。

案例：孝泉民族小学

竣工年份： 2010 年

所在地： 四川省德阳市旌阳区孝泉镇

特征： 震后重建·农村小学

■汶川大地震后重建

■从儿童的视角出发创造多样化的空间

■创建适合儿童身体尺寸的空间

■以激发孩子的想象力、好奇心、个性发展为目的

四川省汶川地震后重建的孝泉民族小学的设计理念是从儿童的视角出发创建一个拥有多元化空间的如微缩城市一般的学校。因此，建筑师创新设计了可供学生随时使用的半室外的阅读角以及适合儿童身体尺寸的如洞穴一样的半室外的开放性空间，希望可以促进学生的多样化的自习和交流活动的开展。

教学楼的外墙上设置的用木材铺装过的半室外图书角中，因为摆放着许多书籍，所以经常能吸引许多学生在这里读书和讨论。不过，在这些图书角中开展的活动也因其形状大小不一而发生变化。学生在小尺度的空间中往往会进行个人的自习和读书活动，而在稍大一些的空间中往往会开展聊天或小组讨论等活动。

另外，在由数堵墙分割而成的如洞穴般的半室外小空间中还设置了与墙面一体化的座凳。学生们也可以在那里展开如自习、小组学习、游戏等多样化的活动（图 2-11）。

①不同形状和大小的读书角里开展的活动也不一样，学生在小空间内往往会进行一个人的学习活动，在大一些的空间内时常开展小组讨论等活动　②学生们在半室外图书角内读书和讨论交流　③学生们在洞穴一样的小空间内讨论交流

图 2-11-1　孝泉民族小学实景照片

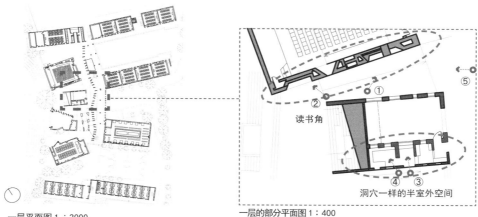

一层平面图 1：2000

读书角

洞穴一样的半室外空间

一层的部分平面图 1：400

④与墙面一体化的座凳为学生的自习活动提供了可能

⑤教学楼墙面上的用木材铺装过的半室外图书角为学生们的读书和讨论学习提供了具有私密性的场地

图 2-11-2　孝泉民族小学设计图及实景照片

2）教室开放型

教室开放型是指通过在教室的外墙上设置可动墙，使得教室内部空间与外部空间得以相连而形成一个半室外的空间。此空间不仅可以成为学生放学后或假日里的自习活动和游戏的空间，而且还可以转换为当地节庆日时表演地方人偶剧的舞台。

案例：桥上小学

竣工年份：2009 年

所在地：福建省平和县崎岭乡下石村

特征：农村小学

　　■桥和学校一体化

　　■校舍横跨小河联结两岸

　　■学校放假期间，学校建筑被当作当地社区的交流空间使用

旨在促进当地两岸村民的交流，集"桥"和"小学"的功能于一体的桥上小学横跨在村里唯一的一条小河上。由于教学楼两端的教室的外墙上均设置了可移动的墙面，这使得在墙被完全打开后教室可以和外部空间连成一体，从而形成一个半室外的空间。因此，这样一个在日常作为学生学习场所的教室，在村里的节庆日时就可以自然转变为表演当地传统木偶剧的舞台。此外，在学生放假以及村里开展重要活动时，学校还经常被当作当地的公共交流空间来使用（图2-12）。

部分平面图　1:400

①教室的可移动外墙　　　　　　　　　②半开放的教室可以成为表演舞台

图2-12　桥上小学设计图及实景照片

3）屋顶/露台开放型

屋顶/露台开放型是指和教室群相连的一层以上的具有开放性与连续性的露台部分或者是与地面相连接的屋顶层，通过向室内积极地导入外部空间使得学生在建筑内部也可以进行室外活动。通过现场调查我们得知，学生与教师经常会在露台或者屋顶空间进行如打乒乓球或者聊天等多种活动。

案例：黑虎壹基金自然之友小学

竣工年份： 2010年

所在地： 四川省茂县黑虎乡

特征： 震后重建·农村小学

■实现了太阳能热水供应系统的采用、沼气的利用、资源的循环利用

■尊重基地的周边地形，使建筑和谐地融入周围村落景观并适应当地现状

■为了展现当地的气候与文化特征，参考当地传统民居进行设计

■以传承当地的文化为设计主旨

黑虎壹基金自然之友小学位于四川省偏远地区羌族村内，是汶川大地震后重建的一所小学。整个学校的建筑物均是围绕着一个中庭操场进行布置的。其中，教学楼的二层楼上都设置了与教室外走廊相连的露台。这样二层的学生们不需要下到地面的操场上就可以在课间活动时进行如打乒乓球、跳绳等多样的室外活动。另外，因为露台还连接着教师办公室，所以它也成为师生课间交流的平台。可以看出，围绕着中庭布置二层的露台的这一设计方法，可以使外部空间的活跃氛围溢满整个校园（图2-13）。

①与教室外的走廊连成一体的二层露台，为学生的交流活动提供了场地

②放学后，学生在二层的露台上打乒乓球

③教师和学生们在与教师办公室相连的二层露台上打乒乓球

④学生和教师们不用下到一层可以在开放的露台上进行多样的室外活动

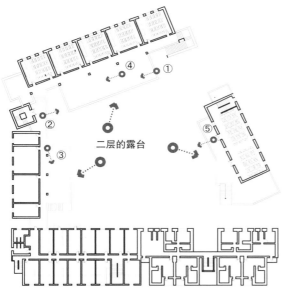

二层平面图　1 : 800

* 照片①⑤由建筑师提供

⑤被周围的高山包围着的小学

图 2-13　黑虎壹基金自然之友小学设计图及实景照片

4）半室外空间型

在这种开放空间的构成形式下，不受天气影响的且具有灵活性与开放性的半室外空间可被当作多功能空间使用。这样的空间不仅支持着学生用餐、读书、自习以及小组讨论等多样活动的开展，而且还成为家长接送孩子的等候区和家长的交流场所。

案例：休宁双龙小学

竣工年份： 2012 年

所在地： 安徽省休宁县五城镇双龙村

特征： 农村小学

　　■抗震性能高，施工速度快

　　■建筑材料自重轻，运输方便

　　■运用轻钢结构及新型建筑材料

休宁双龙小学的新校舍的设计和建设是以对可广泛运用的科学建造技术的研究为基础的，旨在尽量减少建设工作对当地村民生活的影响。为了能够减少施工期间的现场作业，建筑师使用了预制的建筑材料，并在现场对工厂生产的建筑构件进行组装。

通过延展新教学楼屋顶的两端而形成的两个半室外的空间被用作开展各种活动的场所。午休时间，半室外空间成为学生的临时餐厅以及给孩子送午餐的家长的交流场所。午饭过后，这些空间又成为学生的自习以及小组讨论合作的学习场所。而到了下课以后，这些半室外空间不但是学生的学习空间，而且又变成了家长们接孩子的等候区和家长的聊天场所（图2-14）。

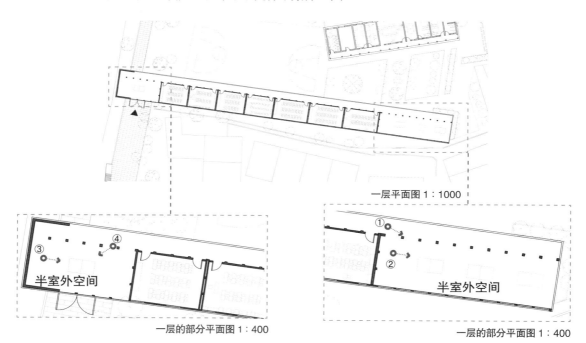

一层平面图 1：1000

半室外空间

一层的部分平面图 1：400

半室外空间

一层的部分平面图 1：400

①通过对屋顶的延伸而形成的半室外空间成为孩子们的自习空间

②一天的课结束后，这个半室外空间就成为家长接孩子的等候区和聊天场所

③到了午休时间，半室外空间变成了学生的临时餐厅以及送午餐的家长的交流场所

④午饭过后，学生们就继续在这个空间里自习和讨论

图2-14 休宁双龙小学设计图及实景照片

5) 广场开放型

广场开放型是指通过在学校的操场上设置一些如平台、坡道等台阶状的设施，使得操场上原本平坦的室外空间在水平和垂直方向上的变化变得更加丰富。在这种高低形状不一的室外开放性空间里，学生和老师们会经常开展休憩、娱乐、自习等活动。

案例：华存希望小学
竣工年份：2005 年
所在地：四川省中江县通山乡
特征：农村小学
■ "地域主义"
■ 旨在把学校建筑和当地的传统民居的形式融合起来

华存希望小学位于四川省中江县通山乡。由于低预算不得不走"地域主义"的校舍建筑因为融合了当地的传统民居风格，所以很好地与周围的村落景观保持了一种视觉上的和谐。建筑师把新教学楼设计成为一个"L"形，并把两端的建筑分别安排在具有不同高差的场地上。这就不仅使得基地内原有的坡地得以保存，而且还让其形成了一个新的中庭空间。另外，通过对坡道的阶梯状的设计，使学校的广场与二层空间可以直接相连，让室外空间无论是在垂直方向还是在水平方向上都具备了一种连续性，创造了形式多样的校园空间。现在，这条从地面直接通向二层的坡道不仅仅是一个方便快捷的通道，而且也成为一个可以支持学生们开展各种课间交流活动的地方（图 2-15）。

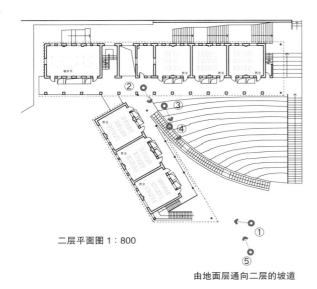

二层平面图 1：800

由地面层通向二层的坡道

* 根据参考文献 60）的 pp56 中登载的图片资料制成

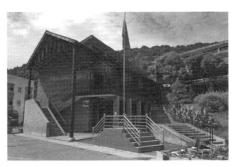

①融合了当地的传统民居风格的学校建筑，很好地与周围的村落景观保持了一种视觉上的和谐

②从地面通往二层的坡道是一个交通通道，同时也是一个活动空间

图 2-15-1　华存希望小学设计图及实景照片

③学生们在坡道上休憩和玩耍

⑤通过对坡道的阶梯状的设计，使得学校的广场与二层空间可以直接相连，让室外空间无论是在垂直方向还是在水平方向上都具备了一种连续性，创造了形式多样的校园空间

④坡道成为学生们上二层的便捷的通路

* 照片⑤的出处：参考文献60）的pp54

图 2-15-2　华存希望小学实景照片

2.2.5　和与当地社会的协作相关的空间设计手法

1. 和与当地社会的协作相关的空间设计手法的分类

为了改善一直以来的学校与当地社区关系疏远的状况，促进学生与当地居民的交流，很多新希望小学的建筑师在与当地社区的互动协作相关的校园规划设计上进行了创新。为了明确其特征，笔者把和与当地社会的协作相关的空间设计手法分为五种类型：模糊学校与当地社会的边界；社区设施与学校的复合化；与当地产业相关的教育实践场地的提供；方便当地居民多元化利用的多功能空间的设置；乡土文化展示角的设置（表 2-7）。

表 2-7　与当地社会的协作相关的空间设计手法的分类

类型	模糊学校与当地社会的边界	社区设施与学校的复合化	与当地产业相关的教育实践场地的提供	方便当地居民多元化利用的多功能空间的设置	乡土文化展示角的设置
具体内容	为了开放学校设施，撤掉学校的门和外墙	为了向当地社区开放学校，在校园内设置可以在节庆日开展活动的操场和室外剧场等社区集会设施	通过设计屋顶菜园或学校农场，提供与当地产业相关的农业技术教育的实践场所	为了满足与当地文化、产业相关的讲座的举办以及学习课程的实施等当地居民多样化的需求，设置具有开放性和灵活性的多功能空间	为了向孩子们传播当地本土文化和民族文化，在校园内设置乡土文化资料的展示角或展示墙
案例数	19 例	13 例	3 例	5 例	5 例

从五类设计手法的案例数来看，模糊学校与当地社区的边界、社区设施与学校的复合化这两种设计手法是被运用最多的。

2. 和与当地社会的协作相关的空间设计手法的分析

1）模糊学校与当地社会的边界

　　"模糊学校与当地社会的边界"中最典型的设计方式就是在新建学校时摒弃校园的大门以及用以隔绝与周围社区的联系的外墙这些旧有的元素。这也是建筑师们采用最多的一种和与当地社会的协作相关的空间设计手法。

> **案例：下寺村新芽小学**
> **竣工年份：** 2009 年
> **所在地：** 四川省剑阁县下寺村
> **特征：** 震后重建·农村小学
> 　　■是建筑师对结构系统、环境负荷和社会经济学等进行整合和系统化研究的结果
> 　　■对易于构建、快速施工并且具有较高的内部环境性能的轻钢结构系统的研究与开发

　　下寺村新芽小学位于四川省剑阁县下寺村，是汶川大地震后重建的学校。重建后的新学校是建筑师对结构系统、环境负荷和社会经济学等进行整合和系统化研究的结果。其中，对易于构建、快速施工并且具有较高的内部环境性能的轻钢结构系统的研究与开发是最受建筑师关注的一点。

　　建筑师为了把学校和当地社会连接起来，模糊两者之间的边界，使校园一直对社区开放，在设计时并没有设置学校的大门以及任何形式的外墙。另外，为了使校舍和村落景观和谐统一，在设计教学楼时也采用了当地传统民居的形式（图 2-16）。

为了向当地社会开放校园，摒弃了大门以及外墙，同时在设计上采用了当地传统民居的形式

＊照片由建筑师提供

图 2-16　下寺村新芽小学实景照片

2）社区设施与学校的复合化

在这一类型中我们可以看到，为了使学校成为当地的交流中心并向当地社区开放，建筑师在校园内设计了诸如可以举行大型聚会、节日庆典活动等的广场或室外剧场的社区集会设施。

> **案例：琴模小学**
>
> **竣工年份：** 2006 年
>
> **所在地：** 广东省怀集县琴模村
>
> **特征：** 农村小学
>
> ■ 通过进行科学农业教育、生产学习等让村落的自给自足的经济模式得到发展
>
> ■ 旨在提高村民对农业生产的热情，并增加村民得到终身教育的机会
>
> ■ 为村民的社区活动和知识交流提供场地

通过学校的建设，建筑师不仅仅想提供一个可以让孩子们学习的场所，而且也希望创建一个可以让村民们开展社区活动和交流知识技能的地方，所以在校园里通过设计一个可以将教学楼的屋顶和地面上的操场整合连接起来的大台阶，营造出了一个酷似室外剧场的公共空间。该空间通常被用作学生的活动空间和操场，而在村里举行节日庆典、运动会以及举办集市等时就会转变为社区聚会场所或舞台。届时，当地的村民和学校师生会坐在如剧场的观众席一样的大台阶上，一边欣赏在操场上举行的当地传统的舞狮表演等庆祝活动，一边进行交流（图 2-17）。

①将教学楼的屋顶和地面上的操场整合连接起来的大台阶在当地村里举行节日庆典、运动会以及举办集市等时就会转变为社区聚会场所和舞台。届时，当地的村民和学校师生会坐在如剧场的观众席一样的大台阶上，一边欣赏在操场上举行的当地传统的舞狮表演等庆祝活动，一边进行交流

②联结教学楼屋顶与地面上的操场的大台阶的下方就是教学楼 　　　　　 * 照片①②的出处：参考文献 47）的 pp159、pp160

图 2-17　琴模小学实景照片

3）与当地产业相关的教育实践场地的提供

在这一类型中，建筑师为了激活当地经济并促进其发展，创造了与当地本土产业、职业相关的课程活动所对应的如屋顶菜园或学校农场等教育设施。

> **案例：琴模小学**
>
> 竣工年份：2006 年
>
> 所在地：广东省怀集县琴模村
>
> 特征：农村小学
> - 通过进行科学农业教育、生产学习等让村落的自给自足的经济模式得到发展
> - 旨在提高村民对农业生产的热情，并增加村民得到终身教育的机会
> - 为村民的社区活动和知识交流提供场地

随着大量青壮年的外出打工，琴模村的农业等主要经济产业正在逐渐衰退。在这个背景下，琴模小学的设计理念的核心被设定为通过进行科学农业教育、生产学习等活动让村落的自给自足的经济模式得到发展。因此，为了普及可持续性的农业实践技术，并以此提高村民对农业生产的热情，增加村民得到进一步的受教育的机会，建筑师设计了集村民的社区活动中心、知识技能交流中心和孩子的学习空间为一体的教学楼，并在其中具体创建了可以被灵活用作村民们交流农业科学技术的场地、与当地特有的产业和职业相关的课程的实践场所和当地农业技术教育中心的屋顶菜园（图 2-18）。

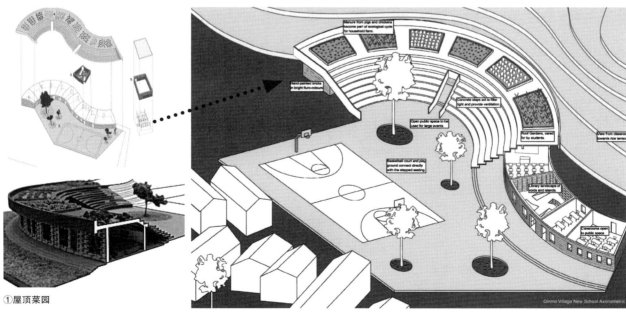

①屋顶菜园

* ①②的出处：参考文献 47）的 pp158

②可被灵活用作村民们交流农业科学技术的场地、与当地特有的产业和职业相关的课程的实践场所和当地农业技术教育中心的屋顶菜园

图 2-18　琴模小学设计图

4）方便当地居民多元化利用的多功能空间的设置

在这一类型中，我们可以看到校园里设置了一些能够满足当地居民的各种使用需求的多功能空间，在这里当地居民可以举办有关生产学习和农业学习的讲座，开展有关民族的文字或手工艺等文化传统的学习项目以及庆祝活动等。

案例：马蹄寨希望小学

竣工年份： 2013 年

所在地： 云南省文山西畴县马蹄寨村

特征： 震后重建·农村小学

- ■云南省地震后重建
- ■对村庄的活力中心进行再定义
- ■以"一校一艺，一村一技"为主题
- ■旨在促进村落和学校的发展

位于云南省贫困地区的马蹄寨希望小学，其设计理念的核心是利用学校的建设对"村庄的活力中心"进行重新定义。强调以"一校一艺，一村一技"为主题，在人口稀少的村庄内，通过创建一个可以作为乡村技能、传统地方文化和民族文化的传承基地的学校来促进村落与学校的发展，并激发本土民族魅力和村民的自豪感。因此，建筑师在位于最方便村民进出的教学楼的一层里设置了一个可以支持当地村民进行各种活动的多功能室，并通过在外墙上安装可移动的墙壁，让多功能室可以与外部空间相连，成为一个半室外空间，使其在当地举行节庆活动时可以迅速转换为一个可供表演戏剧的舞台，在放学后或假期期间又可以变为学生的学习与活动场所（图 2-19）。

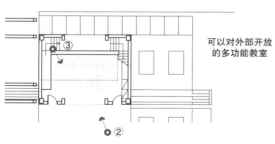

可以对外部开放的多功能教室

一层的部分平面图 1：400

* 根据参考文献 62）的 pp30 中登载的图片资料绘制

①多功能教室的二层被当作图书室，放置了很多可供学生阅读的课外书籍

图 2-19-1　马蹄寨希望小学设计图及实景照片

②从外部看多功能教室

③可以完全被打开的多功能教室

④这个多功能教室可以满足当地村民的多种使用需求

* 照片提供：日建设计（摄影：渡影传播、胡文杰）；照片的出处：参考文献 61

图 2-19-2　马蹄寨希望小学实景照片

5）乡土文化展示角的设置

在这一类型中我们可以看到，为了让学生们更多地了解和学习当地的乡土文化、传统工艺以及民族文化习俗，校园中设置了如乡土文化资料展示角、展示墙等展览空间。

案例：孝泉民族小学
竣工年份： 2010 年
所在地： 四川省德阳市旌阳区孝泉镇
特征： 震后重建·农村小学
■汶川大地震后重建
■从儿童的视角出发创造多样化的空间
■创建适合儿童的身体尺寸的空间
■以激发孩子的想象力、好奇心、个性发展为目的

为了向位于多个少数民族混居地区的孝泉民族小学的学生们宣传当地各民族的文化和传统，建筑师在校园中创建了多种多样的可以展示当地乡土文化的小型设施。例如，在连接两栋教学楼的敞开式走廊中，建筑师设计了一个可在两侧墙面上展览当地乡土文化和习俗的图片资料的展示角，并在其内部设置了木制的长凳和平台。这样学生们在课间或放学后，不仅可以在展示角里学习和了解养育他们的故乡的文化和习俗，还能够进行各种交流学习活动。另外，校园内还设有专门展示当地传统文化的展示墙，上面刻有与孝泉镇特有的代表性文化——"孝"文化相关的经典故事。学生们可以通过这面墙全面地了解当地"孝"文化的由来（图 2-20）。

077

②连接两栋教学楼的敞开式走廊中的展示角

①展示着与当地文化习俗相关的资料的展示角因为其内部设有长凳、平台等设施，所以在放学后成为学生的交流活动场地

③通过设置文化展示墙，向学生们传播当地的"孝"文化

图2-20 孝泉民族小学实景照片

2.2.6 丰富多样的建筑材料的运用

1. 建筑材料的分类

31所新希望小学的建筑材料的运用特征可以大致分为四类：新材料的运用、传统建筑材料的活用、可循环再生材料的回收利用、节能环保建材的运用（表2-8）。

表2-8 建筑材料的分类

类型	新材料的运用	传统建筑材料的活用	可循环再生材料的回收利用	节能环保建材的运用
特征	为确保学校建筑具有抗震性能高、自重轻以及施工速度快等特点，灵活运用预制岩棉保温板、阳光板等可在工厂批量生产的轻质型工业制成品	使用石灰岩、鹅卵石、瓦、竹子、木材和砖等地方传统建筑材料	回收利用屋顶瓦片、砖块等因地震损毁的旧校舍的废弃建材，把其当作路面或者墙面的铺装材料	为了向孩子们传达环保的理念，减少环境污染和能源消耗，创造具有可持续性的建筑，灵活运用具有环保与节能性质的土坯、芦苇、茅草等自然材料
案例数	7例	21例	3例	5例

通过案例数的分布来看，灵活运用传统建筑材料的学校案例最多，31例中有21例；其次是运用新材料的，有7例；运用节能环保建材的，有5例；而回收利用可循环再生材料的最少，只有3例。由此可知，新希望小学的建筑材料的运用特征是以因地制宜的运用当地建材为主的。另外，因考虑到应对自然灾害和保护环境等因素，对新材料以及环保节能建筑材料的开发与运用也受到了一定的重视。

2.建筑材料的分析

1）新材料的运用

在运用新材料的学校案例中，我们可以看到，为了保证建筑的高抗震性能，水泥板、玻璃等传统的建筑材料被预制岩棉保温板、阳光板等可在工厂批量生产的轻质型工业制成品所替代。

> **案例：休宁双龙小学**
>
> **竣工年份：**2012 年
>
> **所在地：**安徽省休宁县五城镇双龙村
>
> **特征：**农村小学
>
> ■抗震性能高，施工速度快
>
> ■建筑材料自重轻，运输方便
>
> ■运用轻钢结构及新型建筑材料

休宁双龙小学的新教学楼采用的是预制形式的轻钢结构，其具有工厂预制化强、施工安装简单、抗震性能高、自重较轻和运输方便等特点。这样，既可以避免重型施工器材的使用，也可以全部采用人工组装。校舍的维护墙体采用预制岩棉保温板，保温效果好且自重轻，使其可以悬挂于整体轻钢结构的内侧，避免通过结构损失热量。防水材料采用的是聚碳酸酯中空多层板，又被称为阳光板。此材料作为建筑物的表皮被放置在轻质钢框架最外层，材料本身的透光性使建筑整体呈现出轻盈和通透的感觉。外墙维护材料与防水材料之间形成一个空气间层，可以在夏季起到拔风的作用，在冬季起到保温的作用，以此减少建筑耗能，创造舒适的室内环境。

另外，教学楼的采光材料同样也采用的是半透明的阳光板，比起传统采光材料玻璃，这种材质不仅自重轻而且可以为教室提供均匀的漫射光，使得光线在进入教室后不会留下大量阴影（图 2-21）。

无论是预制岩棉保温板还是阳光板都可由工厂制作加工且质量有保证、施工管理可量化、无须湿作业。而这种常规型材的批量生产和加工所带来的经济性也是建筑师选材时考虑的重要因素之一。

①教学楼屋顶的最外层材料采用的是聚碳酸酯中空多层板（又名阳光板），材料本身的透光性使整个建筑呈现出轻盈、通透的感觉

②建筑的内部、外墙和屋顶维护材料采用预制岩棉保温板，此材料保温效果良好并且自重轻，能够悬挂于整体轻钢结构内侧

图 2-21-1　休宁双龙小学实景照片

③新教学楼的旁边伫立着当地特有的传统徽派民居

④窗户的透光材料以聚碳酸酯中空多层板（阳光板）代替玻璃，为教室提供均匀、柔和的漫射光

⑤表皮：阳光板
半透明材质的多层阳光板成为建筑物的表皮，使建筑呈现出轻盈、通透的感觉；建筑的采光部分全部采用透明的阳光板，并设有易于更换的节点；阳光板的物质性能类似于玻璃，但更优于玻璃，轻质、耐用、低价

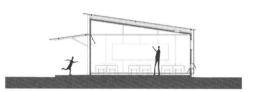

⑥维护：岩棉夹芯墙板
休宁双龙小学采用岩棉夹芯墙板包裹建筑，其既是外墙维护体系，又为建筑穿上的一件保温隔热的衣服

* 照片①②③④、图⑤⑥的出处：参考文献56）的pp8–13

图 2-21-2　休宁双龙小学设计图及实景照片（三）

2）传统建筑材料的活用

　　传统建筑材料的活用是指为了达到运用当地的传统施工技术、与村落景观保持和谐、降低运输费用等目的，在建造过程中积极地使用石灰岩、鹅卵石、瓦、竹子、木材和砖等当地传统的建筑材料。

> **案例：毛坪村浙商希望小学**
>
> **竣工年份：**2008 年
>
> **所在地：**湖南省耒阳市毛坪村
>
> **特征：**风灾灾后重建·农村小学
>
> ■将建筑体量、剖面、建筑材料、色彩、尺寸等与周边地区的传统民居统一起来
>
> ■通过设计学校建筑这一实践活动探索传承和创造当地各种文化的可能性
>
> ■采用当地民居的传统建筑材料

　　毛坪村浙商希望小学位于湖南省耒阳市毛坪村。2006 年 7 月 19 日，当地发生了台风灾害，其引发的暴雨和山体滑坡摧毁了毛坪村的原小学校舍。2008 年，在当地的商会、外部的大学研究团队和当地村民的共同合作下，一座新建教学楼竣工。建筑师的目标不仅是为当地儿童创造一个舒适愉快的

学习环境，还希望借重建小学这个机会为当地的传统民居文化的发展提供一种新的建筑示范，以促进该地区传统建筑的发展。因此，建筑师在新教学楼的造型、构造、色彩、材料等方面都参考了当地民居，特别是在选择建筑材料时，使用了许多例如竹子、木头、砖、屋顶瓦片等当地民居常用的传统建筑材料。例如，为了控制造价、适应当地施工工艺，建筑师选用村里建筑的基本材料小红砖作为建筑的主要材料；并在建筑的局部，借鉴了当地民居的传统空砖墙的砌法，建造了几处镂空的砖砌花格墙。另外，参照当地建筑语言，建筑师在建筑的南立面装上了大量木格栅，用建筑师本人的话说"木格栅的南立面，使建筑获得了一定的象征意义，像展开的简牍长卷一样，使小学的建筑获得了一个有些书卷气的立面"。

通过对当地民居的关注，重建后的教学楼在与村落景观和谐呼应的同时，也提供了一种适合当地民居发展的建筑示范（图 2-22）。

①用当地民居经常采用的土、木、砖、瓦、石等建筑材料建造而成的两层的教学楼立在一块嵌入基地的台地上

②为了控制造价、适应当地的施工工艺，把砖作为建筑的主要材料；建筑的体形、剖面、材料、色彩与当地的民居基本同构，山墙尺度也与周边民居基本一致

③木格栅的南立面借鉴了当地建筑语言，像展开的简牍长卷一样使小学的建筑获得了一个有些书卷气的立面

④二层上光影变幻的外廊

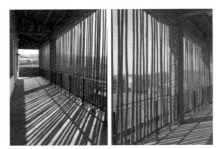

⑤二层外廊扶手的样式设计灵感来源于当地传统的建筑样式

⑥砖砌的北立面，有几处镂空的砖砌花格墙，其做法来源于当地民居，当地民居为了减轻自重、保证通风，常采用这种镂空砖墙的砌法

⑦位于门厅北侧的一堵花格墙，使外面的风景被象素化，它成为门厅唯一的"装饰"

* 照片①②⑥的出处：参考文献 40）的 pp44-53; 照片③④⑤⑦由建筑师提供（摄影师：Christian Richters）

图 2-22 毛坪村浙商希望小学实景照片

3）可循环再生材料的回收利用

可循环再生材料的回收利用是指为了尽量节省农村地区有限的资源，把因地震损毁的旧校舍的废弃建材，如屋顶瓦片、砖块等，作为路面或者墙面的铺装材料进行回收利用。

> **案例：马蹄寨希望小学**
>
> **竣工年份：** 2013 年
>
> **所在地：** 云南省文山西畴县马蹄寨村
>
> **特征：** 震后重建·农村小学
>
> ■云南省地震后重建
>
> ■对村庄的活力中心进行再定义
>
> ■以"一校一艺，一村一技"为主题
>
> ■旨在促进村落和学校的发展

马蹄寨希望小学是一个位于云南省贫困地区的重建项目。为了实现"在乡村社会中定位学校"这一理念，空间和制度上的"开放和解体"成为设计的主题。为了降低建造成本，建筑师对从旧校舍建筑中拆除下来的砖块等建筑材料进行再回收利用，把它们用于铺装室外路面。此外，为了保护环境并为当地提供一个生态友好和具有可持续性的建筑，建筑师还灵活使用了当地的建筑材料和传统工艺技术（图 2-23）。

①旧校舍解体后的废弃材料砖、瓦作为室外地面铺设材料被循环再利用

②③"涂漆工作坊"建筑师说："在施工完成之前，我们一直在与工地主管、工匠和老师合作，利用多彩的黑板漆在学校建筑上制作'涂鸦墙'。建筑是一种鼓励孩子们享受自由生活的尝试。我希望通过直接'触摸'将建筑融入孩子的学校生活。"

图 2-23-1　马蹄寨希望小学实景照片（一）

④⑤在旧教学楼中，孩子们喜欢利用学校有限的资源自娱自乐。例如，在用石头和砖块制成的乒乓球桌上吃饭，然后在门上画画。建筑师尽量将这些记忆的元素保留在新的教学楼中，通过考虑新的使用方法，进行器具、家具的设计配置

⑥教学楼的外观以砖砌为基础，并与山里的民居保持和谐统一

⑦⑧为了保护地球环境、建造低碳的可持续建筑以及控制有效成本，建筑师力求使用当地可调运和得到的材料，最大限度地运用当地的传统工艺技术，就地取材

* 照片①②③④⑤⑥⑦⑧由日建设计提供，摄影：渡影传播、胡文杰（出处：参考文献61、62）

图 2-23-2　马蹄寨希望小学实景照片（二）

4）节能环保建材的运用

节能环保建材的运用是指为了向孩子们传达环保的理念、减少环境污染和能源消耗、创造具有可持续性的建筑，灵活运用具有环保与节能性质的土坯、芦苇、茅草等当地的自然材料。

> **案例：毛寺生态实验小学**
>
> **竣工年份**：2007 年
>
> **所在地**：甘肃省庆阳县毛寺村
>
> **特征**：农村小学
>
> ■ 为孩子们提供舒适的学习环境
>
> ■ 提供适合当地现状的生态建筑模型
>
> ■ 利用当地传统的建筑工艺
>
> ■ 改善当地的居住环境

建筑师希望通过毛寺生态实验小学的建设，既可以为当地的孩子们提供舒适的学习环境，又可以提供一个适合当地发展的生态建筑范本，还可以向当地村民传达可以利用当地的传统技术改善生活条件和居住环境这一概念。所以，在建设过程中，建筑师较多地利用了土坯、芦苇、茅草等具有生态环保性能的、来自基地附近的当地自然材料。例如，他们灵活运用当地的传统建筑材料生土来建造校舍的墙壁和操场，用芦苇、茅草等自然材料来建造屋顶。因为这些建筑材料具有低耗能、低污染、可降解的生态优势，因此建造而成的教室到了冬天不需要烧炭也可以保持舒适的室内温度和环境（图2-24）。

　　另外，在建造这所具有生态可持续效能的学校时，建筑师还雇用了大量的当地村民参与施工。这也使村民们可以重新认识当地的传统材料与技术，让他们明白在有限的经济基础下，完全能够利用自己所熟知的传统技术和随手可得的自然材料，在改善自身居住环境的同时，减少对周围环境的污染，实现与自然的和谐共生。

①雇用当地村民并采用芦苇、茅草、生土等天然材料作为生态建筑材料建造学校

⑤教学楼的墙壁采用生土为原材料，具有良好的保温性能

②下课后学生们在操场上的开放平台上活动

⑥施工现场

③④连接教学楼的阶梯状的平台是儿童互动和玩耍的地方

⑦使用当地主要建筑材料生土建造而成的学校建筑与村落景观相协调

* 照片①②③④⑤⑥⑦的出处：参考文献40）的pp39–43

图2-24 毛寺生态实验小学实景照片

2.2.7　创新地运用建筑结构和技术

1. 新希望小学的结构

31 所新希望小学采用的主体结构主要有：木结构、钢筋混凝土结构（Reinforce Concrete construction，简称 RC 结构）、夯土墙结构、纸管构造、砖结构、钢结构、轻钢结构、混合型结构（RC 结构＋砖结构、RC 结构＋石结构、RC 结构＋钢结构＋木结构）（表 2-9）。根据案例数我们可以看出，采用木结构、夯土墙结构以及砖结构等当地本土的建筑结构的案例是比较多的，但同时使用轻钢结构的案例也不少。另外，从传承传统的建筑施工方法、提升施工的便利性（采用当地的施工团队和建筑材料）以及提高抗震性的角度出发，把钢筋混凝土结构与其他各种传统结构整合为一体的混合型结构的使用案例也不在少数。

表 2-9　新希望小学的建筑结构

类　型	案例数
木结构	5 例
钢筋混凝土结构	9 例
夯土墙结构	1 例
纸管结构 (PTS)	1 例
砖结构	2 例
钢结构	1 例
轻钢结构	6 例
混合型结构（RC 结构＋砖结构、RC 结构＋石结构、RC 结构＋钢结构＋木结构）	6 例

2. 建筑结构与建造技术的分类

根据对各学校的建筑结构、构造和施工技术的利用特征的分析，我们可以大致将其分为三个类型：传统建筑结构与构造技术的活用、新结构与构造技术的运用、环保节能技术的采用（表 2-10）。其中属于传统建筑结构与构造技术的活用这一类型的学校最多，有 19 例；其次是新结构与构造技术的运用，有 8 例；最后是环保节能技术的采用，有 6 例。由此可知，建筑师一方面非常重视对当地的传统建筑结构和构造技术的运用，另一方面也在关注如何利用现代先进的技术去弥补传统的结构和构造技术的不足。

表 2-10　新希望小学的建筑构造与建造技术的分类

类型	传统建筑结构与构造技术的活用	新结构与构造技术的运用	环保节能技术的采用
具体内容	利用和改良木结构、砖结构和夯土墙结构等当地传统的结构方式，并将其与现代技术融合。例如有建筑师把在传统的石砌体结构中使用的鹅卵石，与水泥一起制作成鹅卵石混凝土砌块，作为 RC 建筑的主要材料来使用。另外，还有建筑师通过实验破碎机和混合机等机械加工以及改良作业工具等方法，调整传统的夯土墙的材料配比，改进用作临时框架的板的制作方法和固定方法，提高板的表面平坦性，从而来弥补夯土构造的不足之处	关注高抗震性、便利的运输以及简单快速的施工，采用诸如 C 型轻钢结构加填充板材等的新施工构造方法	采用太阳能热水供应系统、风力发电系统、沼气利用以及再生资源回收系统等
案例数	19 例	8 例	6 例

3. 建筑结构与构造技术的分析

1）传统建筑结构与构造技术的活用

传统建筑结构与构造技术的活用是指把木结构、石砌体结构、砖结构和夯土墙结构等传统的结构或构造方式与现代的技术相融合。

中国乡村创新与多样化的新希望小学建筑

案例：阿里苹果小学

竣工年份：2005 年

所在地：西藏阿里地区塔尔钦

特征：偏远地区小学

■ 首先考虑使用当地建筑材料

■ 广泛利用该地区唯一的建筑材料——鹅卵石

■ 西藏石材的利用颇具地方文化特色

■ 设计理念是基于对传统西藏建筑的研究而产生的

阿里苹果小学位于西藏阿里地区塔尔钦的海拔 4800 米的冈仁波齐峰脚下。在这样的海拔高度，鹅卵石是当地唯一可用的建筑材料。当地的不少建筑物都是用较大的卵石干垒而成的。另外，石头在西藏随处可见，不同的石头也对应着不同的使用方式，其本身也具有一种文化特征。因此建筑师在比较过各种建造方式的经济性以及考虑到环保和耐久性的因素之后，大量地采用了自制鹅卵石夯砼砌块这种材料。除了平整的水泥屋顶和正面的太阳能玻璃幕墙外，墙和地基都是由鹅卵石做成的砼砌块垒砌而成的。由此建造而成的学校建筑与当地的村落景观保持了和谐关系（图 2-25）。

①阿里苹果小学是用当地的唯一建材——鹅卵石建造而成的，用鹅卵石垒砌的墙体顺着坡地与群落式散布的建筑一起将整个学校划分成一个个院落

②学校所采用的材料、造型、色彩参考了当地的传统民居

③与地面采用了同样材料的墙体

④⑤和周围村落景观保持和谐一致的学校建筑

图 2-25-1　阿里苹果小学实景照片（一）

⑥⑦考虑到经济环保和耐久性的因素，在这所小学设计中鹅卵石被大量地使用。除了平整的水泥屋顶和正面的太阳能玻璃幕墙外，墙和地基都是由鹅卵石做成的砼砌块垒砌而成的　　⑧鹅卵石做成的砼砌块

* 照片①②③④⑤⑥⑦⑧的出处：参考文献 40）的 pp62-69

图 2-25-2　阿里苹果小学实景照片（二）

2）新结构与构造技术的运用

新结构与构造技术的运用是指因关注高抗震性、运输方便、施工简单快捷等方面，使用 C 型轻钢结构等新的结构、建造方式和技术。

> 案例：下寺村新芽小学
>
> 竣工年份：2009 年
>
> 所在地：四川省剑阁县下寺村
>
> 特征：震后重建·农村小学
>
> ■施工耗时：房屋结构耗时 14 天，基础准备与场地清理耗时 44 天
>
> ■建筑容量：5 间标准课室可容纳 280 名学生及 5 位教师
>
> ■节能特性：完整隔热保温构造，自然采光优化设计，尿粪分离环保厕所
>
> ■环保特性：房屋可整体拆卸异地重建，地坪使用建筑废料建造
>
> ■抗震能力：麦加利地震烈度 10 度

下寺村新芽小学是四川汶川大地震后重建的学校。为了能够在短时间内完成重建并且不给当地造成太大的影响，建筑师根据对结构系统、环境负荷、社会经济等方面的综合考量和系统研究，采用了全新构想的房屋系统。房屋系统综合使用常见的建筑材料以及循环废料以达到较高性能，其复合结构由 C 型轻钢框架与围护板材共同构造。C 型轻钢框架主要用于抵抗重力以及便利施工，而围护板材则提供了很大的侧向抵抗力，并且覆盖所有的钢构件、杜绝冷桥[注 2-14]。下寺村新芽小学的抗震能力可达到麦加利地震烈度 10 度（图 2-26）。另外，新建校舍地面以上结构施工约耗时 14 天，基础准备与场地清理耗时 44 天。预制构件在深圳及成都的建材工厂生产，现场施工主要为组装，操作十分简单，房屋结构也可以整体拆卸、异地重建。

①下寺村新芽小学采用了全新构想的房屋系统，房屋系统综合使用常见的建筑材料以及循环废料以达到高性能，其复合结构由 C 型轻钢框架与综合使用围护板材共同构造

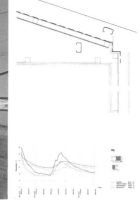

④ 在教室内部，多层的外墙构造带走湿气与多余热量

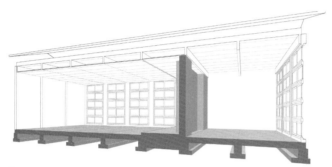

②构造剖面图

⑤新建校舍地面以上结构施工约耗时两周时间，预制构件在深圳及成都的建材工厂生产，现场施工主要为组装，操作十分简单，房屋结构也可以整体拆卸、异地重建

③教学楼之间的连廊

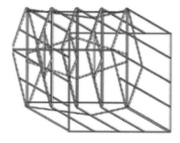

⑥屋顶系统

* 照片、图①－⑥由建筑师提供

图 2-26　下寺村新芽小学设计图及实景照片

3）环保节能技术的采用

环保节能技术的采用是指为了向孩子们传达环保理念，减少环境污染和能源的消耗，创造具有可持续性的建筑，采用太阳能集热系统、风力发电系统、沼气利用以及可循环利用资源回收系统等。

案例：黑虎壹基金自然之友小学

竣工年份： 2010 年

所在地： 四川省茂县黑虎乡

特征： 震后重建·农村小学

■实现了太阳能热水供应系统的采用、沼气的利用、资源的循环利用

■尊重基地的周边地形，使建筑和谐地融入周围村落景观并适应当地现状

■为了展现当地的气候与文化特征，参考当地传统民居进行设计

■以传承当地的文化为设计主旨

四川省茂县黑虎壹基金自然之友小学，是 2008 年 "5·12" 汶川地震后重建的乡中心寄宿制小学。学校由壹基金公益基金会资助、北京自然之友倡导与全程督办，于 2010 年 10 月正式投入使用。该学校秉持的理念是环境友好及文化传承，遵循的策略是绿色建筑的营造，因此建筑师在进行规划设计、选择建材与建造方式时，积极地考虑了关爱环境、节约能源和循环利用资源等要素。为了在给当地提供一个可持续发展的新校园的同时向学生传达环保理念，建筑师进行了很多符合绿色建筑理念的实践活动。例如，在能源整合与节能措施方面建筑师采用了以下 6 种设计考虑：

（1）采用当地富有的毛石作为围护墙体的主要建材并运用当地传统工艺，降低运输成本及二氧化碳的排放；

（2）墙体采用硬泡聚氨酯及稻壳水泥胶复合保温隔热层，增强墙体安全性的同时利用稻壳等当地廉价材料增强围护结构的热惰性；

（3）采用当地加工的木质双层中空玻璃窗，减少热量的散失，学校内保温房子的舒适度远大于传统住宅，同时还节省了薪柴（当地冬天屋内采用火塘取暖）；

（4）采用设在教师宿舍屋顶上的太阳能集热系统，为学生提供洗浴热水及厨房的部分热水；

（5）采用太阳能光电技术，为学校补充照明电力；

（6）考虑到当地有廉价的水电，设计预留了电暖气的电源和位置，并为厨房预留了电磁炉的电源，满足未来发展需要。

另外，在废弃物的排放与利用方面建筑师有以下 7 种设计考虑：

（1）利用旧建筑拆除下来的砖石作为建筑地面的回填材料；

（2）建设沼气化粪池为厨房提供部分燃料，为附近农家提供沼液和有机肥；

（3）收集部分尿液，为附近农家提供高效有机肥料；

（4）分类收集垃圾，其中厨余垃圾、落叶及其他有机物进入沼气化粪池作为产生沼气的原料，学生可以参与分类收集，体验垃圾的自然循环利用过程；

（5）建有 3 片小型生态湿地，处理后的废水排入校园生态湿地，做到污水无害化排放，并形成学校特有的生态景观；

（6）建有小型生态水池，供学生研究水质及水生植物，并进一步净化废水，学生参与种植植物和维护水池，体验自然净化过程；

（7）收集屋面雨水，提供庭院洒扫用水和树木灌溉用水，学生参与水的循环利用，此处庭院铺装材料选用渗水砖，涵养地下水源。

此外，建筑师在节能设备的采用以及社会可持续发展方面，均做了相应的设计考虑（图 2-27）。

①该小学的设计，在汶川地震灾后重建中最突出的特点，不仅是关注了震后安全、环境友好以及因地制宜的资源循环，还通过这样一所学校的建造，特别关注了立足当下的地域文化循环，并以建筑与教育的互动为主体，关注着孩子们今后的心理循环，启发思考如何建立基于自身文化的可持续成长。建成后学校将成为"自然之友"进行环境教育的基地，将绿色生态的理念从建筑到教育同步落到实处

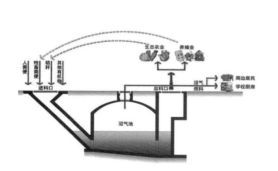

②建设沼气化粪池为厨房提供部分燃料，并为附近农家提供沼液和有机肥

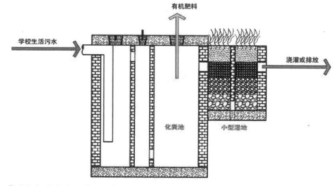

③收集部分尿液，为附近农家提供高效有机肥料，并建有 3 片小型生态湿地，处理后的废水排入校园生态湿地，做到污水无害化排放，并形成学校特有的生态景观

* 图②的出处：参考文献 48）的 pp68，图③由建筑师提供

图 2-27　黑虎壹基金自然之友小学设计图及实景照片

2.3　小结

本章首先探讨了 31 所新希望学校的建设背景、竣工年代和地理分布状况等，随后又对学校的设计理念、校舍布局、教室空间构成、开放空间构成、和与当地社会的协作相关的空间设计手法、建筑材料以及建筑结构与技术进行了分类与分析。由此，我们可以得知自 2004 年以来，尤其是 2008 年地

震后的 8 年中，在中国偏远的乡村中出现的多样并富有创意的新希望小学的建筑具有以下几个特征。

（1）重视运用建筑设计来解决当地存在的各种社会问题，积极地把当地的本土文化和传统工艺引入设计之中。

（2）关注对抗震建筑技术的研究和实践，重视从儿童的视角和身体尺度感出发的空间设计以及对学校复合化功能的规划。

（3）为了促进丰富多样的教育活动的开展，创建了可以向外部开放并灵活应对各种教学要求的教育空间、促进自主学习的小空间、在教学楼内进行户外活动的开放性空间以及不受天气影响的半户外活动空间。

（4）学校的建筑材料和建造方法多种多样，有对当地的建筑材料和构造技术的灵活运用，有对新材料和新结构的开发，也有对可回收再利用的建筑材料的使用。此外，遵循环保节能和资源循环利用这一理念来选择和利用建筑材料、建筑方法和技术的案例也不在少数。

（5）出现了多种向当地社区开放的并和与当地社会的协作相关的新颖的空间设计手法。

注释

注 2-1）建筑杂志：参考文献 40）、参考文献 43)-74）；建筑专著：参考文献 41）、42）。

注 2-2）建筑网站：① ikuku.cn；② archdaily.com；③ ayaarch.com。

注 2-3）希望工程是由共青团中央、中国青少年发展基金会于 1989 年发起的以救助贫困地区失学少年儿童为目的的一项社会公益事业。其宗旨是援建希望小学，资助贫困地区失学儿童重返校园，改善农村办学条件。

注 2-4）数据是截至 2017 年的统计数据。希望小学的数目每年都在增加。数据来源：中国新闻网。

注 2-5）李陆晓斐，洪瑾．希望小学援建制度探讨 [J]．北京理工大学学报（社会科学版），2009，11（5）：134-137.

注 2-6）箙懿，田上健一．教师および建筑设计者が考える中国の学校建筑の课题 -「素質教育」を中心として，日本建筑学会研究报告九州支部，第 53 号・3，计画系，2014（3）：53-56.

注 2-7）张馨心．新乡土主义视野下的希望小学设计研究 [D]．长沙：湖南大学，2013.

注 2-8）2008 年汶川大地震以后，为了支援灾区的学校重建工作，深圳、香港、台湾等地区的建筑、城市规划以及教育界的专家们自发组建了"土木再生"这个专业化的 NGO 组织，开展校舍建设资金的募捐活动，并且参与设计、建造希望小学。而这一活动的实施是参考了台湾"9·21"大地震后开展的"新校园运动"。

注 2-9）"新校园运动"是指 1999 年台湾南投发生"9·21"大地震后，借着灾后学校重建的机会，在诸多民间团体和有关行政部门的支援下，建设了 40 多所融合了新的教育理念并各具特色的新型学校。

注 2-10）"19814 所"这个数据是 1989—2017 年的统计数据，31 所调查对象也被包含在此数据中。

注 2-11）云南地震是指于 2011 年 3 月 10 日，北京时间 12 点 58 分发生在中国云南省盈江县的地震，震级为 5.8 级。

注 2-12）甘肃地震是指于 2013 年 7 月 22 日，北京时间 7 点 45 分发生在中国甘肃省定西市的地震，震级为 6.6 级。

注 2-13）31 所新希望小学中有 29 所登载在建筑杂志或建筑设计事务所的网站上。

注 2-14）朱竞翔．震后重建中的另类模式：利用新型系统建造剑阁下寺新芽小学 [J]．建筑学报，2011（4）：74-75.

第**3**章　新希望小学的设计与建设过程

本章导读

在上一章中我们重点探讨了近年来乡村中出现的丰富多样的并颇具创新意义的新希望小学的建筑空间特征。本章我们将围绕"这些新学校到底是如何被设计建设出来的"这一疑问做进一步的详细探讨。笔者通过对设计这些学校的建筑师们的采访调查，揭示新希望小学具体的设计与建设过程，并希望借此为今后的学校建筑设计摆脱标准化和统一化提供一定的参考依据。

本章主要就下列五个方面进行分析与探究：新希望小学建筑师的基本信息；学校的项目启动始末；建设资金；学校的设计和建设过程；学校竣工后的使用和维护情况。

主要调查方法为面对面的采访调研。笔者于 2014 年 6 月和 11 月、2015 年 2 月和 5 月以及 2016 年 5 月分别对就职于香港、深圳、北京和上海的多个大学和建筑设计事务所的 13 位建筑师（参与设计了 31 所新希望小学中的 25 所）进行了采访。采访的内容主要包括项目背景（项目启动的背景、原委和建设资金的筹措情况）、设计建设过程（方案的讨论与决定、设计与建设过程中的各种角色的作用）、调查评估完成后的实际使用情况和维护情况、设计和建设过程中的问题以及设计理念和设计方法等（表 3-1）。

表 3-1　采访调查的内容

项目	具体内容
基本信息	性别
	年龄
	所在地
	职务和所属单位
	至今为止的工作年限
项目背景	项目启动的原委
	建设资金的筹措和管理
设计建设过程	设计建设的流程、设计建设的时间
	甲方、设计委托书的提出者、设计方案讨论会议的参与者、对方案的讨论和决定最有发言权的人、决定方案的决策者
	设计的讨论和决定，设计与建设过程中各个参与者的作用
设计和建设过程中的问题	设计建设过程中最困难的地方
	对学校建筑和设计规范的关系的看法
竣工后的使用和维护情况	调查评估完成后学校的实际使用情况
	建筑维护情况
设计理念和设计手法等	对设计理念的看法
	对教育空间布局的看法
	适应重视自主性和创造性的教育方针的学校空间方面的挑战

3.1 新希望小学的建筑师基本信息

根据调查可知,新希望小学的建筑师的所属单位、身份以及所在地均具有多样化的特征。具体来看,参与设计 31 所新希望小学的建筑师有 23 人（表 3-2）,其中就职于专业组织的有 14 人（设计了 20 所学校）,就职于建筑设计事务所的有 9 人（设计了 11 所学校）。而就职于专业组织的 14 位建筑师中有 10 人是北京、香港、湖南、天津等地的大学的教师,有 1 人是日本某大学的教师,有 3 人是支援灾后学校重建的建筑专家 NGO 组织的成员（其中一人同时也是大学教师）,2 人是在校的大学生。另外,就职于建筑设计事务所的 9 位建筑师里有 6 人是位于北京、上海、深圳等大城市的建筑设计事务所的主持建筑师。

笔者亲自采访的建筑师共有 13 位,其中大学教师有 5 人、建筑设计事务所的主持建筑师有 6 人、建筑设计事务所的建筑师 2 人（表 3-3、图 3-1）,他们共设计了 25 所新希望小学。

表 3-2 建筑师的基本概况

类型	建筑师 / 职位	所属单位	人数	所在地	设计的学校数目		设计的新希望小学
专业组织	A 教授	Q 大学	14	北京	2 所	20 所	玉湖小学 桥上小学
	B 教授	C 大学		香港	1 所		毛寺生态实验小学
	C 副教授	C 大学		香港	5 所		达祖小学（新芽学堂） 下寺村新芽小学 美水小学（新芽教学楼） 玉树小学 美姑红丝带爱心学校
	D 教授	Q 大学		北京	1 所		毛坪村浙商希望小学
	E 助教 *	H 大学		香港	1 所		华存希望小学
	F 助教	H 大学		香港	3 所		琴模小学 桐江小学 木兰小学
	G 教授			香港			
	H 教授	H 大学		湖南	1 所		寒坡希望小学
	I 教授	T 大学		天津	1 所		耿达一贯制学
	J 教授	K 大学		日本	1 所		华林小学
	K 助教 *	建筑专家 NGO 组织		香港	1 所		丹堡卓越狮子小学
	L 建筑师			深圳	1 所		玉垒卓越狮子小学
	M 建筑师			深圳	1 所		苇子沟卓越狮子小学
	N、O 研究生	H 大学		香港	1 所		红邓小学校
建筑设计事务所	P 主持建筑师	T 建筑设计事务所	9	北京	1 所	11 所	孝泉民族小学
	Q 主持建筑师	B 建筑设计事务所		北京	1 所		黑虎壹基金自然之友小学
	R 主持建筑师	W 建筑设计事务所		香港	1 所		休宁双龙小学
	S 主持建筑师	A 建筑设计事务所		北京	4 所		茶园小学校 美姑四季吉小学 果洛班玛藏语慈善学校 凉山儿童希望之家
	T 主持建筑师	H 建筑设计工作室		北京	1 所		色达藏医学院
	U 建筑师	N 建筑设计事务所		上海	1 所		马蹄寨希望小学
	V 建筑师						
	W 建筑师	S 建筑设计事务所		深圳	1 所		里坪村小学
	X 主持建筑师	Z 建筑设计事务所		北京	1 所		阿里苹果小学

* 专业组织 H 大学的 E 助教和专家 NGO 组织中的 K 助教是同一人

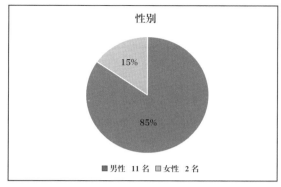

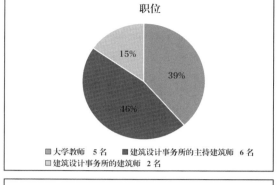

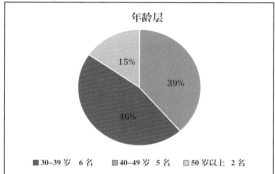

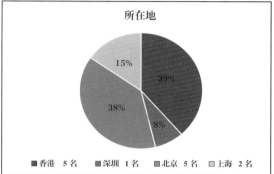

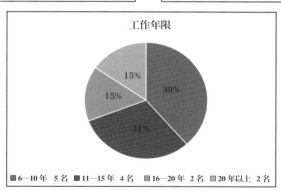

图 3-1　13 位采访对象的基本情况

表 3-3　13 位采访对象的基本信息

序号	设计者	年龄层	性别	职务	所在地	所属单位	工作年限	采访时间	设计的新希望小学
1	B	50	男	教授	香港	大学	11~15 年	2014.06.15	1 所	毛寺生态实验小学
2	C	40	男	副教授	香港	大学	6~10 年	2014.06.15 /06.17（第一次）2014.11.20（第二次）	5 所	达祖小学（新芽学堂）下寺村新芽小学 美水小学（新芽教学楼）玉树小学 美姑红丝带爱心学校
3	F	30	男	助教	香港	大学	6~10 年	2014.06.18	3 所	琴模小学 桐江小学 木兰小学

序号	设计者	年龄层	性别	职务	所在地	所属单位	工作年限	采访时间		设计的新希望小学
4	E	40	男	助教	香港	大学	6~10年	2014.06.17	2所、参与3所	华存希望小学 丹堡卓越狮子小学 玉垒卓越狮子小学 （参与援建） 苇子沟卓越狮小学 （参与援建） 华林小学 （参与援建）
5	W	30	男	建筑师	深圳	建筑设计事务所	6~10年	2015.02.12	1所	里坪村小学
6	R	30	男	原大学教师、现为建筑设计事务所的主持建筑师	香港	建筑设计事务所	11~15年	2015.02.25	1所	休宁双龙小学
7	S	40	男	建筑设计事务所的主持建筑师	北京	建筑设计事务所	16~20年	2015.02.10（第一次）2015.06.17（第二次）	4所	茶园小学 美姑四季吉小学校 果洛班玛藏语慈善学校 凉山儿童希望之家
8	Q	40	女	建筑设计事务所的主持建筑师	北京	建筑设计事务所	20年以上	2015.06.15	1所	黑虎壹基金 自然之友小学
9	P	40	男	建筑设计事务所的主持建筑师	北京	建筑设计事务所	16~20年	2015.06.16	1所	孝泉民族小学
10	T	30	男	建筑设计事务所的主持建筑师	北京	建筑设计工作室	6~10年	2015.06.14	1所	色达藏医学院
11	U	30	男	建筑设计事务所的建筑师	上海	建筑设计事务所	11~15年	2015.06.18	1所	马蹄寨希望小学
12	V	30	女	建筑设计事务所的建筑师	上海	建筑设计事务所	11~15年	2015.06.18		
13	D	50	男	教授	北京	大学	20年以上	2016.05.11	1所	毛坪村浙商希望小学

3.2 新希望小学的项目启动始末

本节将重点讨论新希望小学项目启动的原委。通过对采访调查结果的分析，笔者根据项目发起者的不同将项目启动方式大致分为三种类型：NGO发起型、建筑师发起型、捐助人发起型（图3-2）。

1）NGO发起型

NGO发起型是指NGO首先收集农村各地有关教育设施现状以及资金捐助等的信息，然后在筹措资金和选定建筑师之后正式启动学校建设项目的这一过程。这里所指的NGO是指启动建设项目并参与整个项目启动过程的NGO组织。

2）建筑师发起型

建筑师发起型是指包括自掏腰包捐赠建设资金的所有建筑师或者建筑设计事务所，在发现农村当地的教育问题后向捐助人或NGO筹集资金，并在与当地政府联系之后正式启动学校建设项目的这一过程。

3）捐助人发起型

捐助人发起型是指除以上两种类型以外的提供建设资金的个人、企业、慈善团体，在选定建筑师

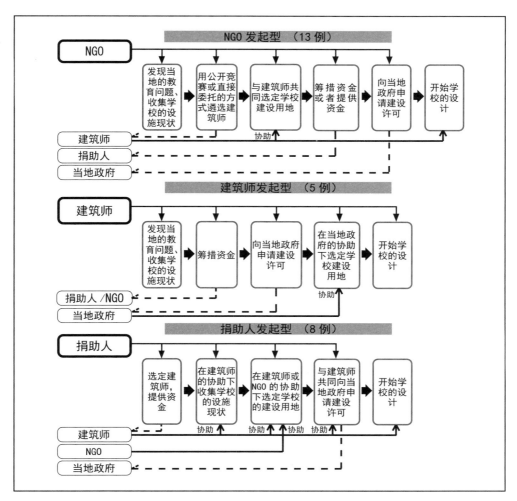

图 3-2　新希望小学的项目启动类型和案例数

并在建筑师或 NGO 的协助下收集当地的教育问题之后正式启动项目的这一过程。

通过对项目启动原委的分析可以知道，项目的发起者往往带头收集信息和筹集资金，并主要通过委托和公开竞赛的方式来选定建筑师。在启动项目的过程中，地方政府只在提供当地的相关信息以及发放建设许可时提供协助。此外，在所有的启动类型中，建筑师都是主动地发现当地教育问题并积极参与选址过程的。

从这三种类型的案例数来看，最多的当属"NGO 发起型"，26 例中有 13 例；其次是"捐助人发起型"，有 8 例；最少的是"建筑师发起型"，有 5 例。由此可知，NGO 组织和慈善机构发起新希望小学建设的占大多数，但是建筑师自己通过募捐活动来启动项目的也不在少数（图 3-3）。

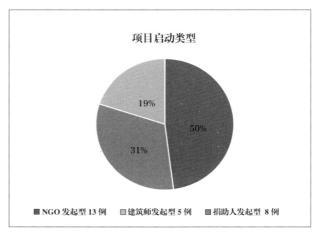

图 3-3　项目启动类型与案例数的统计

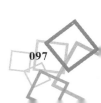

3.3 新希望小学的建设资金

3.3.1 低造价、高标准

根据对 31 所学校造价的分析可知,新希望小学之间的建筑造价的差距较大,且大多低于城市中小学校的平均建筑单价,即 4000 元 / 平方米～ 5000 元 / 平方米[注 3-1]。通过具体数据我们可以了解到,27 所新希望小学(31 所学校里有 4 所学校造价不详)中,建筑单价在 1000 元 / 平方米以下的最多,有 10 所;在 1000 元 / 平方米～ 2000 元 / 平方米的有 8 所;在 2000 元 / 平方米～ 3000 元 / 平方米的有 5 所;而在 3000 元 / 平方米以上的最少,仅有 4 所(表 3-4)。由此可知,新希望小学的造价普遍存在过低的问题。根据调查可知,建筑师为了能够在不降低标准、保证学校建筑质量的情况下用低造价完成学校的建设工作,创新性地采用了以下几个方法:第一,为了降低预算,建筑师往往会采用当地的建筑材料,回收利用震后被损坏校舍的废弃材料,使用企业捐助的建筑材料;第二,雇用当地的工匠和村民参与建造工作;第三,根据当地学生的实际数量和教育现状适当对规范要求的标准教室的规模和数量进行调整。由此可见,低造价不仅没有让建筑师降低对学校建设的高标准与高要求,反而促使他们通过运用创造性的解决方式在减少低预算带来的影响的同时,还创造出了各具特色的学校建筑。

表 3-4 学校建筑单价与案例数

建筑单价(元 / 平方米)	案例数	
500 以下	4 所	10 所
500 ～ 1000	6 所	
1000 ～ 1500	5 所	8 所
1500 ～ 2000	3 所	
2000 ～ 2500	3 所	5 所
2500 ～ 3000	2 所	
3000 以上	4 所	4 所

3.3.2 多元化的建设资金来源

新希望小学的建设资金来源主要以个人和企业的捐款、慈善组织的基金、其他地区的行政援助金、民间众筹以及当地政府提供的资金为主,其大致可被分为"单独捐助型"和"共同资助型"这两种类型。通过对资金源的类型和学校案例数的分析来看,当地政府支援的建设资金较少,但整体资金源的种类多样,资金源中单独捐款和民间基金占大多数(表 3-5)。另外,来自私人和民间团体的捐款较多,而来自行政方面的资金较少,也导致了学校建筑的造价偏低这一情况的发生。

3.3.3 创新的资金筹措与管理模式

新希望小学的建设资金的调度总体来说可以分为两种类型:"单一型"和"联合型"。"单一型"是指"建筑师""捐助人"或"当地行政部门"单独地筹集和管理学校建设资金的模式。"联合型"是指以"捐助人和当地居民代表小组""捐助人和当地行政部门""当地行政部门和建筑设计研究院"或"校长和当地居民代表小组"等这样的组合形式来共同筹集和管理学校建设资金的模式(表 3-6)。

表 3-5　资金源的类型和学校案例数

类型	资金源		具体来源	案例数		
单独捐助型	捐助	个人	爱心人士捐助建设资金	5 所	12 所	20 所
		企业	银行、企业、设计事务所捐助资金	7 所		
	基金		各地区（包括香港）的慈善基金会、大学基金会、教育基金会提供资金	7 所		
	其他行政区的援助		香港特别行政区的四川灾害复兴的援助金	1 所		
共同资助型	捐助＋行政		私人、企业以及当地的政府、教育局共同出资捐助建设资金	5 所	9 所	11 所
	基金＋行政		各慈善团体和当地的政府、教育局共同出资捐助建设资金	3 所		
	捐助＋基金＋行政		私人、企业、各慈善团体和当地的政府、教育局共同出资捐助建设资金	1 所		
	捐助＋基金		私人、企业和各慈善团体共同出资捐助建设资金	1 所		
	捐助＋民间捐助		不仅有私人、企业的捐助，还有从民间筹集的捐款	1 所		

表 3-6　资金调度的类型和采访对象数

类型	筹集／管理方	采访对象数	
单一型	建筑师	6 名	9 名
	捐助人	2 名	
	当地行政部门	1 名	
联合型	捐助人和当地居民代表小组	1 名	4 名
	捐助人和当地行政部门	1 名	
	当地行政部门和建筑设计研究院	1 名	
	校长和当地居民代表小组	1 名	

在建设过程中，许多建筑师往往都是独立筹集和管理建筑资金的。另外，捐助者单独或与当地居民代表等共同管理建设资金的案例也不少见（图 3-4）。

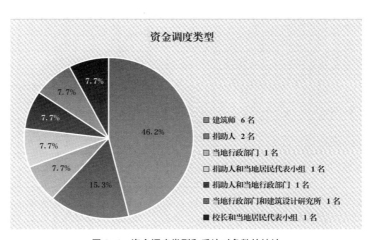

图 3-4　资金调度类型和采访对象数的统计

3.4 新希望小学的设计与建设过程

3.4.1 建筑师主导下的多方参与式设计过程

针对设计过程（设计方案的探讨和决定）这一方面，笔者就甲方、设计委托书的提出者、方案讨论会议的参与者、对方案的讨论和决定最有发言权的人这几点向建筑师进行了采访调研。由此我们可以了解到以下几点。

首先，甲方具有多样化的特征，当地政府、捐助人、建筑师均可成为甲方，并且捐助人和建筑师成为甲方的案例较多（图3-5）。其次，许多建筑师在最初规划设计学校时会积极地就学校的功能和教育课程等向校方提出建议，并且积极主导整个设计方案研讨和决定的过程（图3-6）。再次，在设计讨论阶段，建筑师往往会决定设计方案讨论的会议次数和会议的参与者，整理收集参与者的意见并编制资金的预算和使用计划，同时拥有相当高的设计自由度。复次，设计讨论和决定方案这一过程和城市学校一样，尚未标准化。最后，在方案设计的讨论会上，当地居民、工匠以及外部的志愿者也会参加（表3-7）。

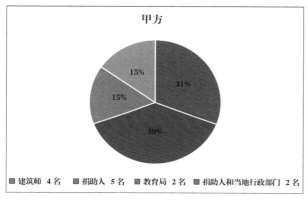

图 3-5 关于甲方是谁的统计

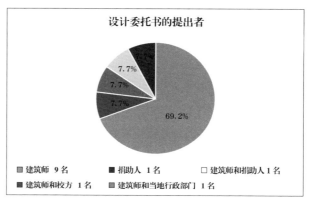

图 3-6 关于设计委托书的提出者的统计

表 3-7 方案讨论会议的参与者

采访对象 \ 参与者	学校方面	教育局	当地政府	捐助人	施工人员/当地工匠	志愿者	村民代表
B 教师	○		○				
C 教师	○	○	○				
F 教师		○	○	○			
E 教师		○	○				
W 建筑师				○	○	○	
R 主持建筑师	○						○
S 主持建筑师				○	○		○
Q 主持建筑师	○			○	○		
P 主持建筑师	○	○	○	○			
T 主持建筑师				○	○		
U 建筑师	○	○		○	○		
V 建筑师	○	○		○	○		
D 教师		○	○				

3.4.2　设计建设流程及其特征

通过对建筑师的采访，笔者整理了新希望小学的规划、设计和施工过程的流程以及与其相关联的各个关系方的参与情况，并且通过案例分析，用表格的形式表现了 C 大学 C 副教授的设计团队、建筑专家 NGO 组织、建筑师 W 以及建筑师 S 主持运营的 A 建筑设计事务所的学校设计和建设流程（表 3-8）。下面就以 C 大学 C 副教授带领的设计团队设计的新希望小学为例，详细地对学校的设计和建设流程进行解析。

在设计阶段，C 副教授首先进行设计方案的研究工作。确定初步的方案设计后，在当地召开第一次会议，和学校的管理者、当地居民以及当地政府人员一起确定方案设计。这个阶段所需的时间大约为 1 ～ 2 个月。接下来是初步设计阶段，在建筑师（A 副教授）根据第一次会议确定的方案设计完成了初步设计之后，在当地召开第二次会议，并与当地的施工人员和工匠一同调整并确认初步设计的方案；同时在大学生志愿者与当地的施工人员的帮助下进行建筑物基础的施工工作。在完成对基础施工的检查之后，项目进行到施工图设计阶段。建筑师在完成施工设计图后，在当地召开第三次会议以确认最后的方案设计，并同时进行施工的准备工作和再次检查工作。初步设计阶段以及施工图设计阶段大概为 2 个月时间。接下来的施工阶段里设计团队在大学生志愿者、当地居民以及当地的工匠的共同协助下完成学校的施工。这个阶段花费时间大约是 2 ～ 4 周。之后建筑师第四次去当地，进行施工检查工作。另外，在学校校舍竣工交付后，建筑师还会继续进行 9 个月以上的使用评估研究工作。具体做法是：首先，建筑师协助招募作为志愿者的教师，教授他们新校舍空间的使用方法，并让他们收集使用评价、使用中的信息和数据；其次，建筑师对使用者的使用评价和教师收集到的热测定数据进行分析评估；再次，建筑师也会教授当地工匠建筑的维护方法，以便今后在建筑师不在的时候，学校建筑能顺利得到维护。

通过对 4 个设计团队的学校设计与建设过程的分析我们可以得知以下几点。

（1）很多建筑师在设计建设过程中，积极地参与对当地教育问题的发现、学校规模和用地的选择、外部志愿者的召集、施工人员和当地工匠的选定和建设的过程。

（2）与设计城市学校的建筑师不同，新希望小学的建筑师在制作施工图阶段会常驻当地，与当地的工匠进行深入交流，并积极参与选定和加工建筑材料，甚至改良建设用的器具。

（3）较多的设计城市学校的建筑师的工作主要以遵守学校的设计规范并满足甲方或相关领导的要求为主，但是新希望小学的建筑师在许多小学完工后还会就使用者的评价进行后续长期的调查研究工作。

（4）灾后重建激发了许多建筑专家 NGO 组织以及以灾后重建家园为目标的建筑、艺术和教育领域的专家合作志愿组织的出现。它们在农村地区的学校设施建设和受灾地区的学校重建方面提供了大量帮助。

3.4.3　多方协作下的施工

通过对建筑师的采访并结合文献调查以及在当地的调研结果，笔者把新希望小学的施工人员的种类以及与其相对应的案例数整理成表 3-9。从此表格中我们可以看出，在大多数新希望小学的施工过

表 3-8　案例学校的设计建设流程

案例	参与者	背景	准备阶段 (3~6个月)	方案阶段 (1~2个月)	初步设计阶段	施工图设计阶段 (1~2个月)	施工 (2周~11个月)	竣工后 (9个月以上)
C大学C副教授的设计团队	捐助人							
	NGO/慈善团体	为了支援灾后重建学校	收集学校和资金等的信息；选定捐助人和建筑师	资金调度				
	建筑师		从NGO那里得到信息	方案的讨论；在当地召开第一次会议：确定设计方案	初步设计；在当地召开第二次会议：设计方案的再调整；基础的施工	检查；施工图设计；在当地召开第三次会议：确定最终设计方案和准备施工	再检查；施工；第四次去当地最后的检查；交付	招募作为志愿者的教师，教授他们新校舍空间的使用方法，并让他们收集使用评价、使用的数据和信息
	学校和当地相关者			参加会议				
	当地政府部门			参加会议				
	当地施工队/工匠				参加会议；协助基础施工		协助施工	
	志愿者							竣工后的协助
建筑专家NGO组织	捐助人		协助选定用地	资金的筹集管理和监督				检查使用
	NGO/慈善团体（建筑专家NGO组织）	为了支援灾后重建学校	选定学校用地和启动项目；用公开竞募或直接委托的方式选定建筑师	方案的讨论；决定设计方案	初步设计；设计方案的再调整	施工图设计；确定最终设计方案和准备施工	初步审查；监督施工过程	提供设备、图书、教师；监督、检查；评估、分享信息
	建筑师							
	学校和当地相关者		协助选定用地					检查使用
	当地政府部门						审查；施工监理；施工完成后的检查	检查使用
	当地施工队/工匠						施工	
	志愿者							
建筑师W	捐助人		协助制作计划书	捐款			完工检查	
	NGO/慈善团体			捐款				
	建筑师	为支援受灾区的村落复兴和学校重建	制作计划书；得到村长的许可；募集资金	方案的讨论；确定设计方案	初步设计；设计方案的再调整	施工图设计；确定最终设计方案和准备施工	选择施工人员；召集志愿者；施工；交付	
	学校和当地相关者						施工	
	当地政府部门		提供信息					
	当地施工队/工匠				协助建筑师	协助建筑师	施工	
	志愿者						施工	
建筑师S主持运营的A建筑设计事务所	捐助人	通过交流会选定建筑师	委托设计，提供资金	参加讨论	参加讨论	参加讨论	协助选择施工人员	
	NGO/慈善团体（来自各行业的专家NGO组织）	开展灾后复兴造家公益活动	帮助收集信息					
	建筑师	为支援受灾区的村落复兴和学校重建进行方案设计	收集学校的相关信息；现场调研；选定用地；申请建设许可	方案的讨论；在当地召开第一次会议：确定设计方案	初步设计；在当地召开第二次会议：设计方案的再调整	施工图设计；在当地召开第三次会议：确定最终设计方案和准备施工	组建施工团队；完工检查；施工；交付	完善学校大门等设施，消灭食木类害虫，解决使用中的问题，并举行慈善义卖会出售当地特产茶
	学校和当地相关者			参加讨论	参加讨论	参加讨论	协助选择施工人员；施工	参加慈善义卖活动以出售茶
	当地政府部门		协助					
	当地施工队/工匠						施工；协助	完善设备，协助防治食木类害虫
	志愿者						施工监督	

表 3-9　施工人员和案例数

施工人员	建筑师	建筑师组建的外部施工团队	外部的顾问团队	志愿者（外部的大学生、建筑设计者）	当地的施工人员（包含当地的工匠和木匠）	当地的教师和学生	当地村民
参与案例数	6 例	8 例	1 例	14 例	14 例	4 例	15 例

程中，除了专业的施工团队，建筑师本人、当地的工匠、当地的村民、当地的师生和外部的志愿者等人员也参与了施工工作。

至于为何要让专业施工团队以外的人员来参与施工，根据对建筑师的采访调查可以总结为以下 4 个理由：第一，让当地村民参与施工，不仅可以增加当地的就业机会，产生积极的经济影响推动当地的发展，还可以让村民重新认识自身所在地区的传统建造方法和建筑材料；第二，当地工匠和建筑师能够共同努力，将传统的建筑技术与新的设计理念相结合，进而确定完工后的维护方法；第三，让当地师生以及当地居民参与施工，可以增强他们主动参与学校建设活动的意识，并增进他们对学校的感情；第四，让外部志愿者参与建设过程，一方面可以通过他们向外界传达农村地区的教育现状，另一方面通过他们可以帮助提高当地的活力。

3.4.4　设计与建设过程中各角色的作用

根据调查，我们了解了建筑师、当地行政部门、NGO、捐助人、当地居民、施工人员、学生和教师以及外部志愿者等这些参与新希望小学建设的所有相关者，在学校设计与建设过程中所起到的作用。下面笔者将分别就此进行详细解释。

1. 建筑师

从考察当地的教育问题开始，到决定学校的规模和用地、调度建设资金、选定施工人员和当地建筑材料、改良建设器材、招募外部志愿者、参与施工，再到完工后的使用评估和研究，以上每一个环节建筑师都深入地参与其中。此外，他们还主动地就学校应该具备的功能及其与社区的协作提出方案，举办需要当地居民和学校相关人员共同参加的研讨会，主导设计方案的讨论和决策以及参与监督整个施工过程。由此可以看出，建筑师一直很好地控制着整个项目的发展进程。

2. 当地行政部门

在城市学校的设计过程中，行政部门的意见往往会左右方案的确定，甚至影响最后的设计结果。而对于新希望小学，包括教育局在内的行政部门却并没有过多地参与设计过程，只是在给建筑师提供有关当地的信息、选择学校的场地和规模、获得施工许可证、监督设计和施工方面给予了必要的协助。

3. NGO

NGO 在学校设计建设过程中参与的工作主要有收集有关学校建设的信息、选择建筑师和学校用地、共享相关信息、提供和调度资金、与行政部门进行协商、代表学校提出各项设计要求和调配当地资源（包括人员、建筑材料）等。此外，由建筑专家组成的 NGO 组织，在设计和建设过程中会参与如发起项目、选择学校用地、调度资金、以公开竞赛的方式遴选建筑师、协助设计、初步审查设计方案、监督施工、完工检查和对成果的评估和信息交流等环节。

4. 捐助人

捐助人的工作往往以调度资金、监督设计过程以及参加设计讨论会为主。

5. 当地居民

在设计阶段，当地居民的代表会参加设计讨论过程，并会就学校的功能提出要求以及就设计方案提出意见。另外，我们也会看到他们与捐助人共同调配施工人员、管理资金的案例。而到了学校的建设阶段，当地的居民作为施工人员参与建设工作的案例居多。

6. 施工人员

施工人员在这里可以分为由建筑师组织的外部施工人员和当地的工匠这两种。外部施工人员在建筑师的指导下进行施工工作。而当地的工匠往往会频繁地参与设计讨论的过程，不仅会向建筑师传达当地的建筑技术和建筑设备的实际情况，而且还会为在当地的实际施工条件下实现设计方案给出调整意见。此外，对于采用了当地的传统构造和建材的设计方案，当地工匠还会利用自己丰富的实践经验，帮助建筑师一起研究与其相对应的建造方法，并协助建筑师完成初步设计和施工设计工作。

7. 学生和教师

在设计阶段，老师们往往会参与到设计方案的讨论过程中。而到了建设阶段，可以看到学生们和老师们一起共同参与到施工过程的案例。

8. 外部志愿者

当地以外的志愿者，包括我国以及其他国家和地区的大学生和热心于慈善活动的建筑师们，他们不仅仅会协助施工，而且还会利用他们自身多样化的设计背景参与设计方案的讨论以及现场施工的监理工作。

3.4.5 设计与建设过程中的问题

当然，新希望小学的设计与建设过程中仍然还存在着一些问题，主要集中在以下 4 个方面：低造价的影响；对学校设计规范的修正要求；外部建筑师的施工监理；外部建筑师与当地居民的交流。

1. 低造价的影响

由于大多数新希望小学的建设资金普遍偏少，因此建筑师往往都有控制建筑造价的倾向。他们利用当地的建筑材料和建造方法，雇用当地的工匠和村民来尽力减少施工所需的资金。然而由于当地的施工条件、技术和材料的限制，其施工的质量往往也会受到一定的限制。此外，如遇到农作物收割期村民不能出工、恶劣天气等不可预测的情况，学校的建设活动往往会被打断或被拖延，设计方案也会面临不得不进行重新调整的境况。

2. 对学校设计规范的修正要求

多数建筑师认为现行的学校设计规范尚未满足当前的乡村教育现状和当地社区的需求，需要有新的改变，因此他们正在尝试突破学校设计规范的条条框框，进行创新的设计活动。例如，他们会扩大教室外走廊的宽度，根据当地的现状（学生的实际人数、场地条件等）以及高抗震结构的跨度和施工方法来决定教室的实际规模尺寸，并融合当地的文化和特征来灵活地设计多样的教育活动空间。

3）外部建筑师的施工监理

不能长期滞留在当地的建筑师，为了提高施工效率，往往会采用简单、快速搭建的建造方法和易于组装的建筑材料，并亲自或派人到当地进行施工的监理工作。尽管如此，在建设过程中有时还是会出现例如施工质量不能达到预期效果、不能顺畅地与当地工匠进行讨论或者施工工期拖延等问题。

4）外部建筑师与当地居民的交流

外部建筑师与当地居民和学校管理者在交流上还有待加强。根据现场调查，我们了解到少数学校在校园建设完工后以确保学生的安全等为理由，自行增建学校围墙以此禁止村民的进入，并禁止学生利用屋顶菜园或有水池的校园空间。由此可以看出，建筑师的设计初衷并没得到有着不同文化教育背景的学校管理者和当地居民的理解，从而导致了空间不能被充分利用的问题的出现。

3.5　学校竣工后的后续工作与建筑的维护情况

许多新希望小学的建筑师会连续设计多个乡村学校，在从中发现问题并思考解决方法后，将其应用于下一个设计当中。

此外，学校竣工后，有的建筑师还会长期地收集用户的使用评估和环境测量数据，完善设备，进行建筑后期维护，解决使用中出现的问题。另外，有个别建筑师为了解决某些私立学校运营资金短缺的问题，每年都会协助学校开展当地特产慈善义卖活动。由此我们可以了解到，建筑师在软件方面也积极支持着乡村地区的教育事业。

另外，还有个别建筑师正在计划着未来不仅只建造学校，还要建设可以为当地社区的发展做出贡献的集学校、住宅、公共设施、开放性空间为一体的综合性设施。

3.6　小结

本章对就职于香港、深圳、北京、上海等大学和建筑设计事务所的 13 位建筑师进行了有关学校的设计与建设过程的采访调研。由此我们可以总结出以下几个新希望小学的设计与建设过程的特点。

1. 建筑师主导下的设计建设过程

大多数建筑师在新希望小学的整个设计讨论和建设过程中始终处于主导地位。从项目开始，建筑师就积极地参与制定援建学校的选址原则，考察当地的教育问题，决定学校的规模和选址。在设计讨论阶段，建筑师决定设计方案讨论的会议次数、与会人员，整理相关人员的意见和建议。在建设阶段，建筑师还亲自选定施工人员和当地的工匠并与他们就施工事项进行深入交流，招募协助施工的外部志愿者，亲自在现场参与学校的施工过程。而在项目竣工后，建筑师还会做长期的使用评估工作，以便为今后的学校设计提供更多的有用信息。另外，建筑师还会受到捐助者的委托全权负责建设资金的筹措以及管理工作，编制成本预算和资金的使用计划。由此可以看出，建筑师掌控着整个设计建设过程，并且在设计上有着相当高的自由度。

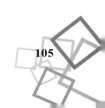

2. NGO 和当地政府的积极的协助

在设计建设过程中，NGO 和慈善团体会积极地参与协助建筑师搜集建设学校的信息、募集资金、调运当地资源、和行政部门与学校沟通、选定建筑师等工作。而行政部门也往往会尊重建筑师的意见，不会过多干涉设计方案的决策过程，只在提供当地信息以及给予建设许可时进行一定的协助。

3. 社区居民参加的设计讨论过程

与以往只有建筑师、甲方、学校等方面参与的设计讨论会议不同，很多新希望小学的设计讨论会，当地居民以及工匠也会参加。他们不仅与建筑师一同讨论设计方案，还向建筑师传达当地的施工技术与建设设备的现状，同时提出有关利用当地的施工条件就可以实现的设计方案的调整意见。与此同时，建筑师也能从他们那里得到设计上的启发。

4. 多方参与的建设过程

在建设新校舍的过程中，不仅有建筑师，当地工匠、居民以及外部志愿者也会共同参与施工。这不仅为当地增加了就业机会，使得援助资金在造福当地居民的同时也为当地带来一定的经济影响。另外，也可以让当地工匠在与建筑师的交流中学习到外部新的建造方式和技术，对当地的建造业的发展起到推动作用。

5. 多样化的设计建设过程

新希望小学的启动过程以及甲方呈现多样化，设计过程还未标准化。整体的造价偏低，学校造价之间的差距仍然较大。另外，资金的筹集方式多样但没有制度化。

6. 尚待解决的问题

在今后的学校设计建设过程中，还需要更加重视低造价低预算的影响、对学校设计规范的修正要求、外部建筑师的施工监理、外部建筑师与当地居民的交流等问题。

注释

注 3-1）在 2013 年 8 月 6 日至 9 月 25 日这段时间内，笔者在对北京、南京和天津的 12 位建筑师的采访调查中，也问了有关城市中小学设计单价等问题。由此知道过去 10 年北京中小学的标准建筑单价为 4000 元／平方米～ 5000 元／平方米，而其他城市的学校建筑单价会因学校的管理方式、类型或等级的不同有 500 元／平方米～ 800 元／平方米的差价。

建筑师与当地施工人员共同建设校园
（图片来源：建筑师朱竞翔）

第4章　新希望小学对教育和当地社会产生的积极影响

本章导读

　　本章根据对新希望小学的实际利用情况的实地考察，详细阐述了学校对当地教育活动的积极影响，多样化的学校空间与教育课程活动之间的关系，学校与当地社区的协作活动以及学校对当地乡村教育的发展产生的积极影响。

　　笔者从 31 所学校中抽取了分别位于四川省、云南省、广东省、甘肃省、福建省和安徽省的农村地区的 14 所小学作为实地调研对象，并于 2014 年 10 月 19 日至 21 日，2015 年 5 月 18 日至 6 月 23 日对它们进行了实地考察（表 4-1）。

　　具体的调研内容有：首先，为了揭示 14 所学校的空间的实际利用情况，笔者对使用者的日常活动进行了观察调研；其次，为了了解学校的使用现状、使用者对空间利用的印象和使用评价，笔者对当地的教育部门的工作人员、各校的校长、教师和学生进行了采访调查；最后，为了掌握各校所在地的现状、社会构成、当地的风土人情、民族文化、文化背景和历史背景，以及搜集对于学校与当地社区的协作以及存在于社区中的学校的观点和想法，笔者对多名当地的村主任、村干部和村民进行了调查采访（表 4-2）。

表 4-1　实施实地考察的新希望小学的现状

序号	学校名	所在地	学校现状	结构	建材	总面积	运营方式	主要民族	学生数	教师数	村人口数	学区	受灾状况	地域特征	调查时间
1	休宁双龙小学	安徽省休宁县五城镇双龙村	小学	轻钢结构1层	钢铁、岩棉夹芯墙板、聚碳酸酯中空多层板	508 m²	公营	汉族	108 人	9 人	1000 人	5 个村落	无	种植茶叶，制作茶干	2014.10.21
2	木兰小学	广东省怀集县怀城镇木兰村	小学	RC 结构、砖结构1层	砖、瓦	503 m²	公营		110 人	8 人	1500 人	1 个村落	无	种植水稻，青壮年外出打工	2015.05.19
3	琴模小学	广东省怀集县琴模村	小学	RC 结构、砖结构1层	砖、木材	1200 m²	公营		180 人	9 人	3000 人	2 个村落	无	青壮年外出打工，种植有机农作物	2015.05.20
4	桥上小学	福建省平和县崎岭乡下石村	村图书馆	钢结构1层	木材、混凝土（基础）	240 m²	公营		0 人	0 人	1000 人	1 个村落	无	出生率下降，青壮年外出打工	2015.05.24
5	下寺村新芽小学	四川省剑阁县下寺村	住宅	C 型轻钢结构、1层	钢铁、板材、砖	437 m²	私营		0 人	0 人	1800 人	2 个村落	地震	文化村落	2015.05.27
6	里坪村小学	四川省青川县骑马乡里坪村	村的活动中心	木结构、夯土结构3层	土坯、木材	201 m²	公营		0 人	0 人	1000 人	1 个村落	地震	地震受灾区域	2015.05.27
7	茶园小学	甘肃省文县中庙镇	小学	木结构1层	木材	313 m²	私营		22 人	4 人（含支教老师1人）	500 人	1 个村落	地震	地震受灾区域，生产茶叶	2015.05.28
8	华林小学	四川省成都市成华区	小学	纸管结构(PTS)1层	纸、木	614 m²	公营		400 人	不详	不详	1 个区	地震	地震受灾区域	2015.05.29
9	孝泉民族小学	四川省德阳市旌阳区孝泉镇	小学	RC 结构3层	黑砖、竹、木材	8900 m²	公营	汉族、回族、藏族、羌族、彝族	1154 人	98 人	4.3万人	1 个镇	地震	地震受灾区域，"孝"文化浓厚	2015.06.02
10	黑虎壹基金自然之友小学	四川省茂县黑虎乡	小学	砖结构+RC 结构2层	毛石、木材	4409 m²	公营	羌族	89 人	15 人	2000 人	4 个村落	地震	地震受灾区域，羌族聚居区，种植药材、水果、蔬菜	2015.06.03
11	华存希望小学	四川省中江县通山乡	小学	钢结构+木结构+砖结构+RC 结构2~3层	页岩砖墙，钢、木材、青瓦、板岩、混凝土、卵石、河沙	1350 m²	公营	汉族	740 人	31 人	1.7万人	1 个乡	地震	地震受灾区域，矿石富集	2015.06.04
12	达祖新芽小学	四川省泸沽湖镇达祖村	小学	C 型轻钢结构1层	钢、石材、填充板材、木材	260 m²	私营	纳西族	91 人	10人（含支教老师1人）	1000 人	4 个村落	地震	地震受灾区域，纳西族聚集区，旅游观光地，种植玉米	2015.06.08
13	美水村小学	云南省大理剑川县美水村	小学	C 型轻钢结构2层	钢、石材、填充板材、木材	359 m²	公营	白族(80%)、汉族	117 人	5 人（含支教老师2人）	2533 人	2 个村落	地震	白族聚集区，盐矿富集	2015.06.10
14	玉湖小学	云南省丽江市玉湖村	幼儿园和仓库	木结构1层	石灰沉积岩、卵石、木材	830 m²	公营	纳西族	0 人	0 人	1465 人	1 个村落	地震	纳西族聚集区，世界文化遗产，位于雪山脚下	2015.06.10

表 4-2 采访调查内容

调查对象	采访内容
教育相关者（教师、校长、地方教育局局长）	学校基本信息 （学生人数、教师人数、学区范围等）
	学校现状
	学校的建筑现状
	空间的实际利用情况
	与素质教育相关的教育活动的发展现状
	新学校空间对教育课程活动的影响
	对学校空间利用的评价
	问题、意见与愿望
学生	对学校空间的印象
	喜欢的空间和地方
村主任和村干部	当地的基本信息 （村的人口数等）
	当地的受灾情况
	地域特征 （文化、习俗、气候、历史背景、产业、营生等）
	对学校和当地社会关系的看法
当地居民	当地居民对学校空间的利用情况
	对学校的印象
	对学校和当地社会的关系的看法
	对学校的期待和要求

4.1　新希望小学建筑空间和教育活动之间的关联性

在我国以往的中小学建筑中，我们很少能看到新希望小学里出现的那种没有固定用途的开放性空间。可以说，这些开放性空间在新希望小学的多样化的建筑空间中是非常具有代表性的。因此，本章将通过分析这些不同类型的开放性空间对学校教育活动产生的影响来探讨新希望小学里多样化的空间设计与教育活动之间的关联性。笔者将这两者之间的关系大致分为以下四种类型：小空间促进多样的自主学习活动的开展；半室外空间支持自由的交流活动；屋顶和露台上的开放空间加深师生的互动交流；灵活开放的教育空间促进乡土教育的开展。下面笔者将就这四种类型进行详细的阐述。

4.1.1　小空间促进多样的自主学习活动的开展

在实际考察中笔者发现，可供学生随时利用并符合儿童身体尺寸的如图书角一样的小空间，往往被设置在校园中学生方便到达的或者容易看到的地方。这样的空间不仅为学生提供可随时翻阅的书籍，让他们产生强烈的安心感，还促使学生一到下课时间就会主动地去利用这些空间开展小组学习、自习活动以及交流讨论活动。可以说，这种丰富多样的小空间的设计对学生自主学习欲望的激发、求知欲的培养、合作和沟通能力的锻炼、创造力和想象力的培养起到一定的推进作用（图 4-1、图 4-2）。

案例一：孝泉民族小学

竣工年份：2010 年

所在地：四川省德阳市旌阳区孝泉镇

特征：震后重建·农村小学

■汶川大地震后重建

■从儿童的视角出发创造多样化的空间

■创建适合儿童身体尺寸的空间

■以激发儿童的想象力、好奇心、个性发展为目的

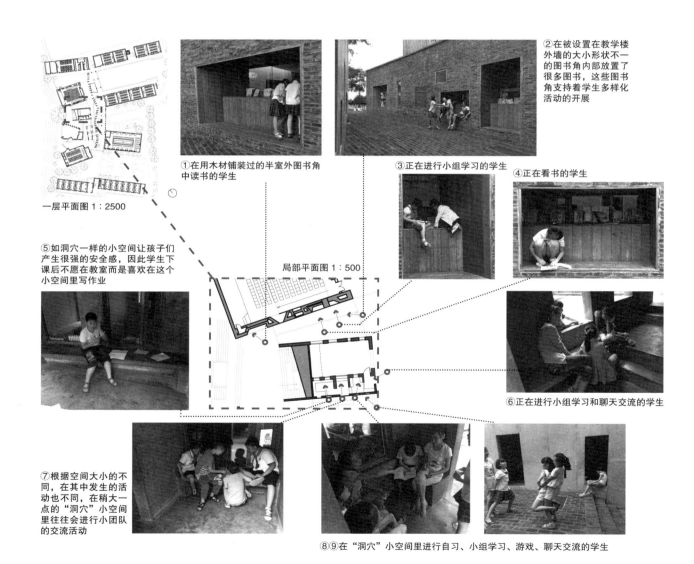

一层平面图 1：2500

②在被设置在教学楼外墙的大小形状不一的图书角内部放置了很多图书，这些图书角支持着学生多样化活动的开展

①在用木材铺装过的半室外图书角中读书的学生

③正在进行小组学习的学生

④正在看书的学生

⑤如洞穴一样的小空间让孩子们产生很强的安全感，因此学生下课后不愿在教室而是喜欢在这个小空间里写作业

局部平面图 1：500

⑥正在进行小组学习和聊天交流的学生

⑦根据空间大小的不同，在其中发生的活动也不同，在稍大一点的"洞穴"小空间里往往会进行小团队的交流活动

⑧⑨在"洞穴"小空间里进行自习、小组学习、游戏、聊天交流的学生

图 4-1　孝泉民族小学设计图及实景照片

案例二：美水小学（新芽教学楼）

竣工年份：2011 年

所在地：云南省大理剑川县美水村

特征：震后重建·农村小学

■云南大地震后重建，坐落在白族及其他民族居住的村庄

■设计理念受当地风景、场地地形、乡村景观的启发

■融入当地传统的民居设计特点

■设有带许多洞口的走廊

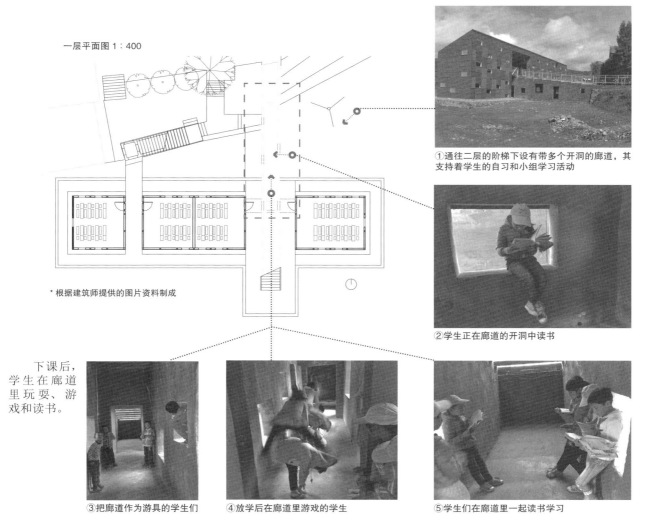

一层平面图 1：400

* 根据建筑师提供的图片资料制成

①通往二层的阶梯下设有带多个开洞的廊道，其支持着学生的自习和小组学习活动

②学生正在廊道的开洞中读书

下课后，学生在廊道里玩耍、游戏和读书。

③把廊道作为游具的学生们

④放学后在廊道里游戏的学生

⑤学生们在廊道里一起读书学习

* 照片①由建筑师提供

图 4-2 美水村新芽小学设计图及实景照片

4.1.2 半室外空间支持自由的交流活动

笔者发现在不少学校中出现的不受天气影响、具有灵活性和开放性的半室外空间往往都会被当作多功能空间来使用。学生们不仅会在那里进行如读书、写作业、小组讨论等学习活动，同时也会在那里吃午饭和午休。而学生的家长同样会把此空间当作接送孩子的等候区和他们之间的交流区。由此可知，半室外空间可以促进和支持学生及其父母的自由与多样化的交流活动（图 4-3、图 4-4）。

> **案例一：休宁双龙小学**
> 竣工年份：2012 年
> 所在地：安徽省休宁县五城镇双龙村
> 特征：农村小学
> ■抗震性能高，施工速度快
> ■建筑材料自重轻，运输方便
> ■运用轻钢结构及新型建筑材料

①到了中午，半室外空间就成为孩子们的餐厅以及给孩子送午饭的父母的交流场地

②午休时间，孩子们从自己的教室里搬出椅子在半室外空间里一起做作业

③午后，学生在可以看见村里美丽的湖的半室外空间中学习

由教学楼的屋顶和墙面的延展而形成的半室外空间支持着学生和家长的多样化的交流活动。

④午饭过后，学生们在半室外空间里的大桌子上一起学习

一层平面图 1：1000

⑤放学后，学生们在半室外空间的乒乓球桌上写作业

⑥一天的课程结束后，这个空间就变成了来接送孩子们的家长的等候区和交流区

⑦放学后，学生们正在写作业

图 4-3　休宁双龙小学设计图及实景照片

案例二：茶园小学

竣工年份： 2010 年

所在地： 甘肃省文县中庙镇

特征： 震后重建·农村小学

茶园小学是茶园村唯一的小学。茶园村是 2008 年汶川地震的受灾区，也是贫困地区。当地唯一的产业是制茶。

①采用当地传统构造"串斗式木架构"的校舍被美丽的山林环绕着

②半室外空间"茶亭"的设计源于当地传统的构造"串斗式木架构"

* 根据建筑师提供的图纸制成

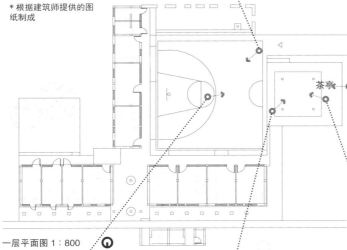

茶亭

一层平面图 1：800

③每天早上，学生们在老师的带领下晨读

④被山林美景环绕的茶亭

* 照片①②由建筑师提供
　照片③④⑤⑥由茶园小学的陆燕老师提供

⑤即使是下雨天，学生仍然可以在室外进行晨读

⑥在建筑师、当地的木匠和村民的合作下建设起来茶亭里，村民和师生们会一起品茶、读书

图 4-4　茶园小学设计图及实景照片

4.1.3　屋顶和露台上的开放空间加深师生的互动交流

在不少学校中，我们可以看到与教室和办公室紧紧相连的二层露台，或者可以直通到地面上的屋顶平台等这样的设计。这些空间都具有开放性和连续性，使得一层以上的楼层均可以积极地纳入外部的空间，让使用者在一层以上也可以进行各种室外活动。在考察中，笔者观察到，下课时间学生们不仅会在露台或者屋顶平台上玩耍、聊天，还会时常和同一楼层的教师打乒乓球、聊天谈心。由此可以看出，屋顶和露台上的开放空间不仅可以加强学生之间的沟通，还可以增进师生之间的互动和交流（图4-5、图4-6）。

案例一：黑虎壹基金自然之友小学

竣工年份：2010 年

所在地：四川省茂县黑虎乡

特征：震后重建·农村小学

■实现了太阳能热水供应系统的采用、沼气的利用、资源的循环利用

■尊重基地的周边地形，使建筑和谐地融入周围村落景观并适应当地现状

■为了展现当地的气候与文化特征，参考当地传统民居进行设计

■以传承当地的文化为设计主旨

①②③二层上的露台与教室外的走廊连成一体，学生们下课后就在这里打乒乓球、聊天和玩耍

④二层的露台

⑦二层露台

⑤放学后学生留下来在露台上打乒乓球

教师办公室

教师办公室

二层平面图 1∶1000

⑥在与教师办公室相连的二层露台上，教师与学生正在打乒乓球

校舍围绕着中庭操场进行布置。这使得二层露台的设计产生了一种向心性，并且更加丰富了整个校园纵向上的空间，活跃了校园的气氛。

因为有了这样的设计，学生和教师下课后不用下到一层也可以进行丰富多样的室外活动。

图4-5　黑虎壹基金自然之友小学设计图及实景照片

案例二：木兰小学

竣工年份：2012 年

所在地：广东省怀集县怀城镇木兰村

特征：农村小学

■采用旧教学楼的中庭与新教学楼的中庭相连的一体化设计

■使地面与图书室的屋顶相连的大阶梯成为学生室外活动空间

①大阶梯下的空间也是孩子们日常玩耍、游戏的空间

建筑师对旧教学楼的中庭与新教学楼的中庭进行了一体化设计，并用一个大阶梯将地面与图书室的屋顶连接起来，使之成为学生的室外活动空间。

②图书室的屋顶成为孩子们的游乐场

一层平面图 1：800

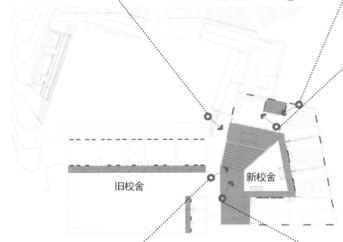

旧校舍　　　新校舍

③学生们在屋顶的台阶上聊天

在连接地面和屋顶的大阶梯上形成了一个高差和形状不一的屋顶空间，在这里学生会开展他们的晨读活动。

照片②③④⑤由孔祥荣老师提供

④放学后学生在屋顶上逗留玩耍

⑤早上，学生们会在老师的带领下读书

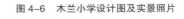

图 4-6　木兰小学设计图及实景照片

4.1.4 灵活开放的教育空间促进乡土教育的开展

在考察中笔者发现，具有灵活性和开放性的教室等教育空间，会成为组织开展有关当地的本土文化和民族文化的各种课程活动的场所。例如，因安装了活动墙可以向外部完全开放的教室会变成一个半开放的空间，供学生们进行传统地方剧的练习和表演。再比如，教室里的被设计成高90厘米、宽60厘米的窗台经常在民族美术课堂上被学生当成作画用的画桌来使用（图4-7）。由此可见，灵活开放的教育空间在一定程度上对乡土文化、民族文化的课程的开展有着支持甚至是促进的作用。

案例：达祖小学（新芽学堂）

竣工年份：2010 年

所在地：四川省泸沽湖镇达祖村

特征：震后重建·农村小学
- 研究与开发新轻钢结构系统
- 研发易快速搭建的建筑系统
- 提供可应对自然灾害的新型建筑与学校模型模式

①达祖小学（新芽学堂）的新校舍

达祖小学（新芽学堂）坐落于四川省盐源县泸沽湖镇达祖村。这个村子是一个纳西族古村落，紧邻泸沽湖，背靠森林覆盖的群山，总人口大约900多人，共有约120户人家。

②③美丽的泸沽湖

④穿着纳西族传统服装的学生正在练习民族舞蹈

⑤教师正在教学生们跳纳西族舞蹈

⑥⑦纳西族的文字是象形文字，被称为"东巴文"，刻画着东巴文的木板被挂在校舍的立面上，作为日常教材向学生们传达着本民族的文化

⑧⑨在民族美术课堂上，学生把不同于标准尺寸的高90厘米、宽60厘米的窗台当作画桌，描绘看到的窗外景色

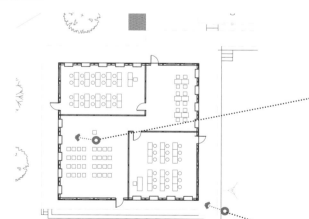

一层平面图 1：800

⑩⑪民族美术课程上，学生趴在校舍的外墙上写生

纳西族有自己本民族的文字与语言，其文字属于象形文字，所以这里的孩子们天生对图形和色彩敏感，因此民族美术课程和纳西族的文字课程受到相当的重视。

图4-7 达祖新芽小学设计图及实景照片

根据以上对四类新希望小学多样化的空间设计与教育活动之间的关联性的分析，我们可以了解到考察的 14 所学校中存在的具有多样性、灵活性和开放性的教育和活动空间，实际上对学生的自主学习、学生之间和师生之间的交流互动具有一定的促进作用，并且能对与乡土民族文化相关的乡土教育课程的开展起到一定的支持作用（表 4-3）。

表 4-3　新希望小学建筑空间和教育活动之间的关联性

类型	建筑空间特征	教育活动	案例数 /14 例
小空间促进多样的自主学习活动的开展	可供学生随时利用并符合儿童身体尺寸的如图书角一样的小空间	支持学生利用这些空间开展小组学习、自习活动以及进行讨论交流活动；激发学生自主学习欲望，培养求知欲；锻炼学生的合作和沟通能力，激发学生的创造力和想象力	3 例
半室外空间支持自由的交流活动	具有灵活性和开放性的半室外空间；被使用者当作多功能空间使用	支持学生进行如读书、写作业、小组讨论等学习活动；成为学生的午饭和午休场所；促进家长间的交流	4 例
屋顶和露台上的开放空间加深师生的互动交流	具有开放性和连续性并与教室和办公室紧紧相连的二层露台，或者可以直通到地面上的屋顶平台，使得一层以上的楼层也可以积极地纳入外部的空间	可以加强学生之间的沟通，还可以增进师生之间的互动交流活动；让使用者可以在一层以上的楼层进行各种室外活动	4 例
灵活开放的教育空间促进乡土教育的开展	具有灵活性和开放性的教室等教育空间（如不同于标准尺寸的教室窗台的设计或因安装了活动墙可以向外部完全开放的教室）	支持与促进与地域和民族（少数民族）的特点、文化发展（文字）、艺术（舞蹈、绘画）相关的课程活动的开展	6 例

4.2　新希望小学对当地乡村教育发展的影响

现在，乡村地区存在的最大的问题是师资力量的不足导致的教育质量低下这一问题。为了解决这个问题，社会发起了"支教"这一志愿活动，呼吁城市的大学生、知识分子到农村的中小学进行短期或长期的支教活动，以支持偏远地区和贫困地区的学校教育。参加支教活动的教师被称为"支教老师"。通常，想要参加支教的老师首先会通过"中华支教"这一非政府组织运营的网站来获取需要支教的学校的信息，然后选择支教学校。但是，由于偏远地区和贫困地区的生活条件和学校设施条件的低下，这些地区仍然存在诸如支教老师数量少、任期短、流动性高等问题。

在对这 14 所新希望小学进行实地调研时，笔者向正在那里工作的支教老师，就"为什么选择这所学校"这一问题进行了采访。老师们的回答主要以"因为这所学校的校舍很特别，我很喜欢它"，"因为这个学校的建筑很出名"，"因为这栋教学楼既有地方特色又很有趣"，或者"与其他乡村学校相比，这个学校的设施条件更好"为主。由此，我们可以得知，学校建筑在支教老师选择支教对象时有着较大的影响。无论是富有创造性的学校建筑的建设、教育设施条件的改善，还是通过媒体宣传引起的学校知名度的提升，都会对支教老师做出最后决定起到积极的作用。

此外，通过对各校的校长和教师们的采访，笔者还发现这样一件事，那就是随着学校建筑知名度的不断提高，学校本身的知名度也会上升，从而能引起当地政府和外界慈善团体或基金会组织的更多关心和注目，进而使学校得到更多的相关建设资金。

因此，具有创造性的希望小学的建设不仅仅会单纯为偏远地区和贫困地区的孩子们提供一个学习的场所，还会对支教老师人数的增加、老师流动性的降低、教育质量的提高以及得到进一步改善当地教育设施条件的机会起到一定的积极作用。

4.3　新希望小学和当地社区的协作活动

与城市里大多采取封闭管理的学校不同，许多新希望小学坚持向当地社区开放校园，根据当地居民的需求提供必要的设施和空间，并与当地社区开展各种交流活动和产学合作项目。也就是说学校积极致力于成为可供当地居民随时使用的公共活动中心以及村庄活力的原点。笔者将这些学校与当地社社区之间的关联大致分为设施共享、活动交流、地域文化传承、产学合作、村校互助共建这五种类型并在下文进行详细的阐述。

表 4-4　新希望小学和当地社区的协作活动

类型	具体活动	案例数 /14 例
设施共享	村民利用学校空间举行各项娱乐活动或召开会议	8 例
	村民可利用学校图书馆和电脑室看书学习和查阅资料	
	与社区共享学校运动场、各种运动设施和淋浴室等设施	
活动交流	节日和庆典时，当地居民会进入学校，与教师和学生们一起搭建舞台，观看学生的表演；学校还经常会与社区合作开办诸如球赛或集市等的活动	9 例
地域文化传承	邀请当地专业人士到学校，定期开设教授学生们有关该地区的传统文化和技能等的教育课程	6 例
	通过举办夜班和周末班来开展成人教育活动，邀请当地专家，教授当地村民本民族的文字和工艺技术	
产学合作	创建学校农场，并引入与种植当地特有的有机农作物、发展当地特有的产业和传统行业以及提高就业技能相关的课程	3 例
	学校联合村落设立和运营合作社，把学校作为技术开发中心，生产有机农作物、当地特产，并通过网络或者是上海或北京等大城市开办的展销会来进行售卖	
村校互助共建	学校师生和社区居民互相帮助，共同助力学校和社区的建设工作	3 例

4.3.1　设施共享

与城市的封闭式校园不同，许多新希望小学没有设置大门和围墙，完全向当地社区开放校园，并根据当地社区的需求配备相应的设施和空间。因此，当地居民平常不仅可以借用学校的校舍、各种设施、用地和操场举行各项娱乐活动或召开会议，利用学校图书馆和电脑室看书学习和查阅资料，而且还可以使用学校运动场、各种运动设施和淋浴室等设施（图 4-8）。

案例：达祖小学（新芽学堂）

竣工年份：2010 年

所在地：四川省泸沽湖镇达祖村

特征：震后重建·农村小学

　　■研究与开发新轻钢结构系统

　　■研发易快速搭建的建筑系统

　　■提供可应对自然灾害的新型建筑与学校模型模式

▼　　达祖村村民经常会借用学校的会议室和操场召开会议，还会利用学校图书馆以及计算机室的电脑看书、查阅资料。另外，他们会利用学校的篮球场进行体育锻炼，家里没有洗澡设备的村民还会用学校的淋浴设备洗澡。

①②③不仅是学校的学生，当地的村民也会来图书馆看书学习、查阅资料

④⑤⑥学校的电脑室经常被村民当作会议室使用，村民们也会来这里上网查阅资料

⑦⑧⑨学生和当地村民共用的乒乓球室

图 4-8　达祖小学（新芽学堂）实景照片

4.3.2　活动交流

在节日和庆典时，当地居民会进入学校，与教师和学生们一起搭建舞台，观看学生的表演，并与他们一起游戏玩耍。此外，学校还经常会与社区合作开办诸如球赛或集市等的大型活动（图 4-9、图 4-10、图 4-11）。

案例一：琴模小学

竣工年份：2006 年

所在地：广东省怀集县琴模村

特征：农村小学

■通过进行科学农业教育、生产学习等让村落的自给自足的经济模式得到发展

■旨在提高村民对农业生产的热情，并增加村民得到终身教育的机会

■为村民的社区活动和知识交流提供场地

▼　琴模小学教学楼的屋顶被设计成连接地面操场的一个大台阶，这使得整个校园成为当地社会开办节庆活动、集市、比赛的公共空间。届时，村民和师生们都会坐在大台阶上观看操场上表演的狮子舞等当地传统活动。

①②村民们正坐在像剧场观众席一样的大台阶上观看表演

③校舍、大台阶以及操场被有机地整合成一个整体，作为当地的公共空间供村民们使用

*照片①②③的出处：参考文献 47）的 pp159,pp160

图 4-9　琴模小学实景照片

案例二：茶园小学

竣工年份： 2010 年

所在地： 甘肃省文县中庙镇

特征： 震后重建·农村小学

茶园小学是茶园村唯一的小学。茶园村是 2008 年汶川地震的受灾区，也是贫困地区。当地唯一的产业是制茶。

①②③儿童节那天，学生们在校园唱歌、跳舞、表演戏剧

④⑤⑥当地村民也会进入校园观看学生的表演并和他们一起庆祝节日

⑦⑧⑨⑩⑪当地村民和学生们一起观看学校升旗仪式，并和他们一起玩游戏

* 照片由茶园小学的陆燕老师提供

图 4-10　茶园小学实景照片

案例三：达祖小学（新芽学堂）

竣工年份：2010 年

所在地：四川省泸沽湖镇达祖村

特征：震后重建·农村小学

　　■ 研究与开发新轻钢结构系统

　　■ 研发易快速搭建的建筑系统

　　■ 提供可应对自然灾害的新型建筑与学校模型模式

①②③为了庆贺新年，学生们在校园里表演节目、跳民族舞和唱民族歌　　④⑤⑥当地村民们也进入校园观看孩子的表演，和师生们一起庆祝新年

＊照片由达祖小学的校长王木良提供（来自达祖小学的微信公众号）

图 4-11　达祖小学实景照片

4.3.3　地域文化传承

学校为了传播当地的、民族（特别是少数民族）的特有的文化、艺术、文字和工艺技能，邀请当地专业人士到学校，定期教授学生们有关该地区的传统文化和技能等知识，例如少数民族的文字、骑马、射箭、狮子舞和民间舞蹈等。此外，学校还会开展一些诸如观察当地山区的植物、昆虫和鸟类并制作自然笔记，让学生学习活用当地资源亲手设计并建造昆虫屋等教育活动。

另外，有的学校还会通过举办夜班和周末班开展成人教育活动，邀请当地专家，教授当地村民本民族的文字和工艺。由此，白天学生上课的教室到了晚上或周末就会成为当地村民学习本民族的文字、文化习俗和手工艺技能的地方（图 4-12 和 4-13）。

案例一：琴模小学

竣工年份：2006 年

所在地：广东省怀集县琴模村

特征：农村小学
- 通过进行科学农业教育、生产学习等让村落的自给自足的经济模式得到发展
- 旨在提高村民对农业生产的热情，并增加村民得到终身教育的机会
- 为村民的社区活动和知识交流提供场地

▼　学校定期邀请当地的舞狮专家来学校教授学生当地的传统表演艺术——狮子舞。

②中国地方传统表演艺术——狮子舞

* 照片①的出处：参考文献 47）的 p162；
照片②的出处：新华网 www.news.cn

①正在学习狮子舞的学生们

图 4-12　琴模小学实景照片

案例二：达祖小学（新芽学堂）

竣工年份：2010 年

所在地：四川省泸沽湖镇达祖村

特征：震后重建·农村小学
■研究与开发新轻钢结构系统
■研发易快速搭建的建筑系统
■提供可应对自然灾害的新型建筑与学校模型模式

▼ 村里的"东巴"（熟悉纳西族文化的长老）作为学校教师教授学生纳西族的文字。

▼ 东巴文是纳西族的文字，也是世界上唯一还在使用的象形文字，学生每周都要学习东巴文。

①学生们正在学习东巴文

④学生正在教室里学习东巴文

②用东巴文写的标识

⑤村民正在写东巴文

③校长正在展示东巴文献

⑥教室里也挂着东巴文

*部分照片由达祖小学的校长王木良提供（来自达祖小学的微信公众号）

图 4-13-1 达祖小学实景照片（一）

⑦⑧ 穿着民族服装的学生们正在学习纳西族的民族舞蹈　　　　　　　　⑨ 学生们在山里正在上观察当地动植物的课程

⑩ 学生们正在上学习骑马的课程　　　⑪ 校长正在教学生射箭　　　⑫ 学生们正在自己动手建造昆虫屋

▼　　到了晚上或周末，教室就会成为当地居民学习民族文字、文化习俗和手工艺技能的地方。

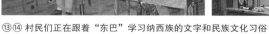

⑬⑭ 村民们正在跟着"东巴"学习纳西族的文字和民族文化习俗　　　　⑮ 村民们制作的东巴文祈福卡

* 部分照片由达祖小学的校长王木良提供（来自达祖小学的微信公众号）

图 4-13-2　达祖小学实景照片（二）

4.3.4 产学合作

位于偏远地区和贫困地区的一些新希望小学仍然存在着运营费用不足、教师人数不够以及教育质量低等问题。而其所在的地区往往也存在灾后经济衰退、产业基础薄弱、传统行业衰落、就业岗位不足、村民长期外出打工等各种问题。为了解决这些问题，有些学校创建了"学校农场"，并引入了与种植当地特有的有机农作物、发展当地特有的产业和传统行业以及提高就业技能相关的课程。另外，它们还通过与当地社会、村民的合作，将自身发展成为技术开发中心，生产有机农作物、当地特产，并通过网络或者是上海、北京等大城市开办的展销会来进行售卖。有的学校甚至还联合村落计划设立和运营合作社来推动此活动的开展。此外，还有学校与当地社区一起开办了以城市居民为主要服务对象的村落文化体验之旅、亲子夏令营和亲子工作坊等活动。这些活动所产生的收益除被学校用作运营费用外，还用于助力当地的振兴和建设活动。

通过对支持新希望小学的建设和运营的 NGO 成员的采访可以了解到，学校与当地社区的产学合作已经有了明显的效果并获得了收益。例如，达祖小学近年来通过学校农场的经营、村落文创旅游活动和各种亲子夏令营的开展所取得的收益得以顺利运营，并且这些活动吸引了很多外面的游客，增加了当地村民的收入，推进了当地经济的发展。另外，近年来，伴随着丰富多样的教育活动的开展，学生的年度考试成绩也常常在学校所在学区名列前茅。而随着教育质量的上升，学生人数也迅速增加，当地教师的人数与学校重建初期相比有了大幅度的增加，师资力量趋于稳定。这也与达祖小学的多名毕业生为了回报养育自己的土地，回到村里成为教师息息相关。因为学校在各方面都取得了很好的成果，因此也得到了多家国内外媒体的持续关注，支援学校建设与经营管理的慈善团队以及校长也都获得了多项奖项。而随着学校知名度的提升，达祖小学还获得了多家外部慈善组织的资金和资源支持。由此学校设立了一个公益平台，积极开展例如帮助贫困家庭的孩子募集奖学金、为其他地区的农村小学捐助资金和教材等慈善活动。有关达祖小学的具体内容将在第 6 章中进行详细阐述（图 4-14、图 4-15）。

案例一：达祖小学（新芽学堂）

竣工年份： 2010 年

所在地： 四川省泸沽湖镇达祖村

特征： 震后重建·农村小学

■研究与开发新轻钢结构系统

■研发易快速搭建的建筑系统

■提供可应对自然灾害的新型建筑与学校模型模式

▼　作为私立学校的达祖小学创立了学校农场，把种植当地特有的农作物作为特色教育活动来开展。到了收割期，师生们在当地村民的帮助下一起收割农作物并进行售卖，获得的收益用来支持学校的运营。

①②③在学校农场，学生和村民一起收割农作物

④⑤⑥学生们在农场上劳动学习

⑦⑧⑨有机农作物和当地特产制成品

⑩达祖小学用于义卖活动的特产商品　　⑪⑫在上海等大城市举办的展销会上售卖新芽达祖小学的特产

⑬⑭和当地村落合作举办村落文创体验之旅　　⑮⑯⑰暑期举办的主要面向城里人的亲子夏令营和亲子工作坊等活动

* 照片由达祖小学的校长王木良提供（来自达祖小学的微信公众号）

图 4–14　达祖小学实景照片

案例二：茶园小学

竣工年份： 2010 年

所在地： 甘肃省文县中庙镇

特征： 震后重建·农村小学

　　茶园小学是茶园村唯一的小学。茶园村是 2008 年汶川地震的受灾区，也是贫困地区。当地唯一的产业是制茶。

　　2008 年汶川大地震后茶园村的经济水平变得更加低下。通过捐款进行运营的茶园小学是震后重建的一所学校，也是该村唯一的公共设施。然而小学依旧存在着诸如缺乏基础设施、运营资金、教师资源等问题。现在学校正在计划为三年级以上的学生增加有关茶文化及其基础知识的课程，以解决学校和乡村的问题，并培养可为灾区重建做出贡献的当地人才。此外，学校还联合当地的社区建立了一个以茶园小学为中心的"茶叶合作社"，通过生产和售卖茶叶获得收益后，为学校的运营管理以及村落建设做出贡献。

①在茶园小学，当地政府人员和校长、教师、家长和村民们一起商讨成立茶叶合作社一事

②茶园村里的茶园

③来茶园观光的外部游客

④⑤⑥茶叶合作社的茶叶义卖活动

⑦茶园村的茶

⑧~⑬义卖活动所用的茶园村的茶叶制品

*照片由建筑师许义兴以及茶园村村民提供

图 4-15　茶园小学实景照片

4.3.5　村校互助共建

当学校需要重建或者扩建时，当地居民、当地工匠和木匠以及当地教师和学生会共同参与学校的施工建设。相对的，当进行村落设施建设活动时，当地的学生和教师们也会积极参与社区的建设活动（图 4-16、图 4-17）。

案例一：茶园小学

竣工年份：2010 年

所在地：甘肃省文县中庙镇

特征：震后重建·农村小学

　　茶园小学是茶园村唯一的小学。茶园村是 2008 年汶川地震的受灾区，也是贫困地区。当地唯一的产业是制茶。

①②村民们在进行学校广场的铺装工作　　　　　　　　　　③利用当地的木材建造学校的"茶亭"

④~⑦当地木匠和村民在建筑师的指导下建造学校的大门

⑧⑨学生在小溪边捡用于学校大门建设的鹅卵石　　　　　⑩孩子们用鹅卵石制成的学校名牌

* 部分照片由建筑师和当地村民提供

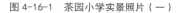

图 4-16-1　茶园小学实景照片（一）

▼ 师生们也积极地参加村里的设施建设活动。

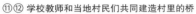

⑪⑫ 学校教师和当地村民们共同建造村里的桥　　　　　　　　　　　⑬ 建成的桥

* 部分照片由建筑师和当地村民提供

图 4-16-2　茶园小学实景照片（二）

案例二：达祖小学（新芽学堂）

竣工年份：2010 年

所在地：四川省泸沽湖镇达祖村

特征：震后重建·农村小学

　　■研究与开发新轻钢结构系统

　　■研发易快速搭建的建筑系统

　　■提供可应对自然灾害的新型建筑与学校模型模式

①学生们正在用他们的画笔美化村里的墙

* 照片由达祖小学的校长王木良提供（来自达祖小学的微信公众号）

图 4-17-1　达祖小学实景照片（一）

②正在村里的墙面上画壁画的孩子们　　　③④画壁画的孩子

* 照片由达祖小学的校长王木良提供（来自达祖小学的微信公众号）

图 4-17-2　达祖小学实景照片（二）

4.4　小结

在这一章中，我们首先详细探讨了新希望小学建筑空间和教育活动之间的关联性。由此可知，学校中的具有创造性、灵活性和开放性的，不受天气影响的，适应儿童身体尺寸的教育活动空间，不仅促进了诸如自主学习和小组学习等丰富多样的教育活动的开展，还促进了学生、教师和家长之间的交流，支持了与当地特有的民族文化和产业相关的教育课程的开展。

其次，我们还探讨了新希望小学对当地乡村教育发展的影响，从而了解到新希望小学的建设活动对改善农村和边远地区的教育质量有着重大影响，并可能成为缩小城乡之间的教育差距的关键点。

再次，我们研究分析了新希望小学和当地社区的协作活动，由此了解到，与城市里采取封闭式管理的学校不同，许多新希望小学面向社区开放，并根据当地居民的需求提供必要的设施和空间，同时也与当地社区合作并开展各种丰富的交流活动。此外，为了支持学校的运营并振兴该地区的经济，不少学校还创建了许多与该地区存在的问题的解决和当地产业和文化的发展相关联的课程活动。有些学校甚至还通过与当地社区和村民的合作，成立并运营负责当地特色产品的生产和销售的合作社。因此，许多新希望小学实际上变成了可供当地居民使用的公共空间、与当地社区交流的中心以及传承当地的乡土文化和民族文化的桥梁。另外，它们往往也是帮助解决灾后重建等地方问题、促进乡村振兴的中心和村落活力的原点。

第5章　新希望小学中值得关注的问题

本章导读

　　本章基于上一章对 14 所新希望小学的实地调研，通过对使用者的活动观察、对学校的教育相关者和当地居民的采访，总结出了使用者对学校空间做出的评价以及提出的要求；同时也详细分析和总结了在项目成立、建筑设计、施工建设及后期使用等方面存在的一些值得注意以及需要改善的问题，在进行反思的同时给出了相应的建议。

　　在这里笔者想强调的一点是，写本章内容的目的并不是为了批判某个新希望小学的建筑或者是某一位建筑师，而是为了揭示外部建筑师在建设乡村小学时经常会面对的一些问题，从而使建筑师在今后建设乡村小学时能更加重视对这些问题的解决，同时也期望对与新希望小学建筑一样的学校建筑在我国乡村地区的广泛普及起到一定的积极推动作用。

5.1　使用者对新希望小学的使用评价和要求

　　根据采访调查得知许多使用者对学校建筑的高抗震性、高安全性、有效的节能效果以及良好的建筑热环境给予了高度的评价。此外，他们还对因灵活运用快速的建造方式以及当地的建筑材料所带来的建筑工期短，学生可以尽早重返课堂这一点上也给出了高度的评价。与此同时，使用者也对学校提出了诸如增加可供当地居民随时使用的开放的交流活动空间、根据需要补充缺失的设施等的要求（表 5-1）。

表 5-1　使用者对新希望小学的评价和要求

给予正面评价的地方	要求
高抗震性	增加可供当地居民随时使用的交流活动空间
高安全性	增加开放性空间
有效的节能效果	补足所需的设备
良好的建筑热环境	
快速的建造方式	
当地建筑材料的运用	

5.2　新希望小学中值得关注的问题

通过现场调研，笔者还发现了在项目成立、建筑设计、施工建设以及后期使用等方面存在一些值得注意以及需要改善的问题，如：①建筑设计者与使用者应就设计理念、空间使用方法、学校的管理方法以及使用要求等问题进行更加深入的沟通与交流（建筑师与使用者的交流）；②建筑师在尝试使用新理念、新技术、新材料的同时也应注意保证教育空间所应具备的基本条件的满足（新理念、新技术、新材料的运用）；③需更加合理谨慎地进行选址建校以及资源配置（选址建校与资源配置）；④如何更好地进行建后维护工作（竣工后的维护工作）；⑤新建乡村小学因"撤点并校，集中办学"政策而面临的被废校的处境（撤点并校政策下的村小）。下面将结合具体调查案例对以上问题进行详细说明。

5.2.1　建筑师与使用者的交流

我们需要关注的第一个问题是：在学校的规划及设计过程中乃至投入使用以后，建筑师与使用者应就设计理念、空间使用方法、学校的管理方法以及使用要求等问题进行更加深入的沟通与交流。

建筑师所采用的具有创新性的设计理念与手法需要首先被使用者理解与接受，而使用者对设计持有的疑问以及不解也需要及时与建筑师沟通与交流。建筑师需要在对学校的管理方法有一定了解的基础上采用适当的方式把设计想法和使用方法传达给使用者。使用者也应将在使用过程中遇到的问题以及对功能的意见和要求及时反馈给建筑师。如双方不能进行足够的沟通与交流将会导致学校建筑空间及各项设施的利用率大大下降。

1. 案例分析

> **案例一：玉湖小学**
> **竣工年份：** 2004 年
> **所在地：** 云南省丽江市玉湖村
> **特征：** 农村小学
> ■利用当地本土特有的环境、文化要素和建筑材料
> ■以活用当地传统文化、建造技术、建筑材料为设计理念
> ■灵感来自传统文化

玉湖小学位于世界文化遗产保护基地云南省丽江市的玉湖村内。村落坐落于玉龙雪山脚下，海拔2760 米。因建于 2001 年的旧校舍已不能适应当时的教学要求，2004 年建筑师在新加坡和中国捐赠者以及当地政府的资助下扩建完成了新教学楼。设计理念是建筑师基于对当地传统文化、建造技术、建筑材料以及地域文化等的研究而提出的。他将当地特色的元素和材料运用到设计中，并受到玉湖村将玉龙雪山的融水通过地面的水道引入每家每户的启发，也采用这一方法，将融水引入设计中，并在中央院落的水面中央设置了由外覆石材的钢筋混凝土柱与钢制踏步组合而成的独立的室外楼梯。

但是玉湖小学的现状却是，新的教学楼现已不再作为小学建筑使用。教学楼一层的两个教室分别被村中幼儿园的小班与大班使用，二层的一个教室成为教师的宿舍，其余的教室均空着或者被用来放置杂物。另外，在西边的院落与环建有教学楼以及水道的中央院落之间有一道铁门。据调查了解，这道门在平日学生正常上课期间均为闭锁状态，只有住校的教师才有钥匙。

通过对教师以及周边居民的采访了解到，由于校方认为新教学楼内的水院以及室外楼梯对于孩子来说存在安全隐患，加之学生人数逐年减少，再加上近两年学校又受到其他机构的捐助对旧校舍进行了改建翻修，于是封锁了有水院的教学区域，让小学部的学生从新教学楼全部移入了改建翻修后的校舍内上课（图 5-1）。

①学校的教学楼　　②③水院中竖立的室外楼梯　　④⑤被水院环绕的校舍

* 照片出处：参考文献 52）的 pp37–42

▼ 「现　状」

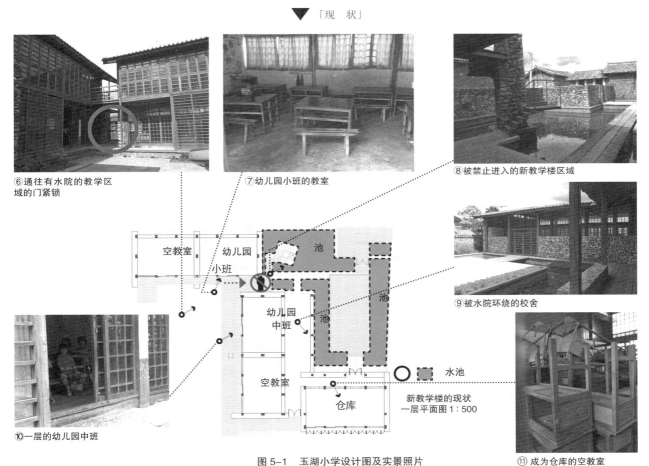

⑥通往有水院的教学区域的门紧锁　　⑦幼儿园小班的教室　　⑧被禁止进入的新教学楼区域

⑨被水院环绕的校舍

⑩一层的幼儿园中班

⑪成为仓库的空教室

图 5-1　玉湖小学设计图及实景照片

新教学楼的现状
一层平面图 1：500

案例二：琴模小学

竣工年份：2006 年

所在地：广东省怀集县琴模村

特征：农村小学

■ 通过进行科学农业教育、生产学习等让村落的自给自足的经济模式得到发展

■ 旨在提高村民对农业生产的热情，并增加村民得到终身教育的机会

■ 为村民的社区活动和知识交流提供场地

　　与玉湖小学面临相同境况的还有位于广东省怀集县诗洞镇琴模村内的琴模小学。新校舍的外观设计源自当地阶梯式的地形，拾级而上的阶梯形成了剧场式的可供举办春节的狮舞表演、开办早集、观看球赛的公共空间。而阶梯的下方即教室空间，这使得大阶梯同样成为校舍的屋顶。建筑师在设计方案时表示不仅要使屋顶大阶梯成为学生们的活动场所，还想通过在屋顶平台修建生态农业种植园使其成为社区活动交流中心以及农业技术教育实践的场所。但是笔者在对学校进行的一天的调研观察中，并没有看到有学生在阶梯上开展活动，也没有看到屋顶平台上有任何农业种植园。当问及原因时，教师表示因存在学生在屋顶阶梯上嬉闹跌落的危险，除了有大型活动以及有教师监督的情况以外，学生平日是不能随便私自上屋顶的（图 5-2）。

一层平面图 1 : 1500

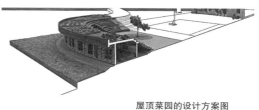

屋顶菜园的设计方案图

* 图片出处：参考文献 47 ）的 pp158

▼ 「现　状」

①被教师们认为危险的屋顶阶梯

②③学生平时是被禁止登上台阶以及屋顶平台的

图 5-2　琴模小学设计图及实景照片

同样，在不同于传统阅览空间的琴模小学的图书室中，建筑师把地台提高并挖走一部分，形成的下沉空间可让学生们坐在地板上或钻于大小不同且具有一定私密性的小空间里进行阅读与讨论。这样的具有创造性与多样性的空间，不仅可以调动学生自主学习的积极性，还可以刺激学生间的交流等多元化行为的发生。但实际使用情况却是，学校以图书过少以及大多数图书内容并不适合低龄学生阅读为理由，规定每周三阅览室才会对学生开放。另外，因学校缺乏收纳空间，只能把体育活动器材堆置于阅览室中，这使得阅览室的空间利用率进一步地下降（图 5-3）。

另外，建筑师在设计琴模小学以及位于广东省怀集县怀城镇的木兰小学时，特意去掉原有的校园围墙并且在新校舍的周围也不设置围墙。这是为了有意加强学校和社区之间的交流，使学校与地域社会相互连接、相互协作，让学校服务于地域社会、为周边居民提供公共活动空间。而这个理念与日本推行的"学校与地域社会相连接"的新政策是不谋而合的。但是现状却是，在使用后的几年内，校方为了不让村民随时进入学校并使用校园中的设施，自行在校园周围建起了一道高高的围墙，隔断了地域社会与学校之间的连接，使得学校趋同于施行封闭式管理的城市学校（图 5-3、图 5-4）。

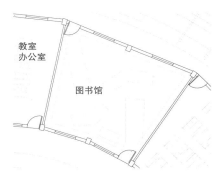

一层的图书室平面图 1：500

①正在图书室读书的学生

* 照片①②③的出处：参考文献 47）的 pp156–159

②③没有设置围墙的竣工初期的小学

图 5-3-1　琴模小学设计图及实景照片

▼ 「现 状」

④⑤放置着体育器材的图书室

⑥⑦利用率较低的图书室的现状

⑧⑨⑩建成的校园围墙

图 5-3-2 琴模小学实景照片

案例三：木兰小学

竣工年份：2012 年

所在地：广东省怀集县怀城镇木兰村

特征：农村小学

■采用旧教学楼的中庭与新教学楼的中庭相连的一体化设计

■使地面与图书室的屋顶相连的大阶梯成为学生室外活动空间

现存建筑

增加 6 个新教室作为村落的延伸

围墙被移除从而创造出一个连续的开放空间

通过创造一个阶梯式的混凝土基地界定了公共空间的范围

撤去旧校舍围墙的设计方案图

空洞穿透台阶和屋顶，形成内部庭院

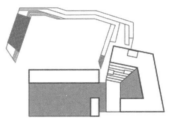

保留了一定坡度并界定了新操场的边界的芦苇床自然地过滤了厕所废水

＊图片的出处：参考文献 58）的 pp92

　「现　状」

②新设的校门

①把学校与外部隔离开的新设的围墙

＊照片①的出处：参考文献 58）的 pp91

图 5-4　木兰小学设计图与实景照片

案例四：黑虎壹基金自然之友小学

竣工年份： 2010 年

所在地： 四川省茂县黑虎乡

特征： 震后重建·农村小学

■ 实现了太阳能热水供应系统的采用、沼气的利用、资源的循环利用

■ 尊重基地的周边地形，使建筑和谐地融入周围村落景观并适应当地现状

■ 为了展现当地的气候与文化特征，参考当地传统民居进行设计

■ 以传承当地的文化为设计主旨

　　黑虎壹基金自然之友小学位于四川省茂县黑虎乡内，是 2008 年 "5·12" 汶川地震后的重建学校。学校的设计理念秉承环境友好及文化传承，遵循绿色建筑的营造策略。建筑师从规划设计、材料选择以及建造方式等方面都遵照关爱环境、节约能源以及循环利用资源的原则，旨在建造一个可持续发展的新校园。其中值得关注的是，在能源整合和节能措施方面，为了让学生直接体验到清洁能源的好处，学校设计采用太阳能集热系统，为学生提供洗浴热水。此外，为了让学生参与水的循环利用，体会水的珍贵性，校园内设有多个水缸用于屋面雨水收集，提供庭院洒扫用水和树木灌溉用水。

　　但是根据调查采访了解到，由于水压不够，水不能到达二层，太阳能积热系统也就无法使用，学生和教师只能通过下楼打水的方法进行洗漱。另外，由于使用者认为当地并不缺水，所以不需要收集雨水，利用水缸收集屋面雨水进行树木灌溉的方法也没有真正地得到实行（图 5-5）。

①被山脉和河川包围着的小学

②教学楼的走廊

* 照片由建筑师提供

▼「现　状」

③④⑤收集雨水的水缸

图 5-5　黑虎壹基金自然之友小学实景照片

2. 反思

建筑师与使用者在学校的规划及设计过程中乃至投入使用后应该多进行沟通与交流。在设计方案阶段，建筑师、使用者以及当地的居民可以采用讨论会（workshop）的形式，就学校设计方案中具有创新性的理念与手法进行沟通交流与意见交换。建筑师应该根据使用者对于设计理念的理解程度、对设计的意见以及将会采取的管理方法等实际情况，采用列举实例等适当的方式把设计想法准确地传达给使用者。使用者也应在此阶段把对设计持有的疑问以及不解及时地与建筑师进行沟通。通过多方参与的讨论会，建筑师在了解了各参与方的想法、观念并与各参与方达成一致意见后再进行进一步的设计工作。另外，在建成投入使用后，建筑师可以通过采用说明会的方式，向使用者传达建筑空间以及设施的正确的使用方法，解答使用者在使用上的疑惑。而使用者也应将在使用过程中遇到的问题以及对功能的意见及要求及时反馈给建筑师，以便得到正确的指导与帮助。

5.2.2　新理念、新技术、新材料的运用

第二个问题是建筑师的新理念以及对新技术、新材料的运用首先应保障教育空间所应具备的基本条件的满足。具体来说，乡村小学的建筑师大多会摒弃保守的、规格化的设计手法，而会基于科学研究向多样与创新的理念、新技术以及新材料进行挑战。但是建筑师在创新的同时还需注意对教育空间所应具备的基本条件的满足，如充足的采光、良好的通风、舒适的环境、使用的便利性等。

1. 案例分析

案例一：琴模小学

竣工年份：2006 年

所在地：广东省怀集县琴模村

特征：农村小学

■通过进行科学农业教育、生产学习等让村落的自给自足的经济模式得到发展

■旨在提高村民对农业生产的热情，并增加村民得到终身教育的机会

■为村民的社区活动和知识交流提供场地

琴模小学依次排列的教学空间上方有阶梯状的大屋顶，其与教室之间的夹角形成了教室外的走廊空间。而走廊以及教室北面则依靠梯级与梯级间的缝隙进行采光。教师在采访中就谈到这样的设计在实际使用中存在教室光线不足以及雨水会从梯级的缝隙中漏进走廊这个问题。而在实地调研过程中笔者也发现，由于阶梯缝隙的光线非常有限，靠南面一侧的窗户采光的教室并不明亮，特别是阴雨天光线就变得更加不充裕。而夹在阶梯与教室之间的走廊不仅光线稀少，并且下雨时出现的积水现象也使得学生活动空间受到限制（图 5-6）。

①②将教学楼的屋顶和操场连接起来的大台阶与教室北侧的墙壁形成的夹角空间是教室外的走廊　　教室、台阶和屋顶之间的关系

＊照片的出处：参考文献 47）的 pp158

 「现　状」

③大阶梯屋顶下的走廊　　　　　　　　　　④从梯级间的缝隙看操场

⑤下雨天，雨水从阶梯间的缝隙漏下来，并在走廊上形成积水　⑥在走廊下玩耍的孩子

⑧⑨在走廊下玩耍的孩子

图 5-6　琴模小学设计图与实景照片

案例二：休宁双龙小学

竣工年份： 2012 年

所在地： 安徽省休宁县五城镇双龙村

特征： 农村小学

■抗震性能高，施工速度快

■建筑材料自重轻，运输方便

■运用轻钢结构及新型建筑材料

　　位于安徽省休宁县五城镇双龙村的休宁双龙小学，其校舍建筑结构整体采用了轻钢结构的搭建方式，具有工厂预制化强、自重较轻、运输方便、抗震性能高等特点。建筑由 48 排间距为 1900 mm 的桁架组成，所有构件之间均采用螺栓固定。外墙维护材料采用岩棉保温板，自重轻且有保温效果。防水材料采用聚碳酸酯多层板，被置于轻钢结构外侧，作为建筑的表皮，材料本身有透光性，使建筑呈现轻盈通透之感。建筑师在立面上设置了高低不一的狭长的窗户，并且以半透明材质的聚碳酸酯多层板取代玻璃作为透光材料，为教室提供均匀的漫射光。

　　然而通过实际调查以及采访了解到，使用者普遍认为窗户面积过小，导致通风不好、教室光线不足，即使是白天也需要始终借助照明设施。另外下雨时，学生还需要借助桌椅才能关闭教室墙面上方的窗户，非常不便。此外，教师以及家长还提到，4 月之后，校舍会变得非常热；5 月过后，过热的室内温度迫使师生必须将教室里的所有电脑等电教器材全部从新校舍的教室移入砖混结构的旧校舍里才行。现在学校虽在每个教室安装了空调，但因电费昂贵，不能保证每天运行，这也导致了学生不得不在高温的教室内学习（图 5-7）。

①教室内细长的窗

②教室内部

③教学楼的屋顶

④细长窗

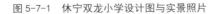

⑤外墙材料：聚碳酸酯多层板

　　　　图 5-7-1　休宁双龙小学设计图与实景照片

「现　状」

⑥上午 11 点的三年级教室　　　　　⑦下午 2 点的二年级教室　　　　　⑧下午 4 点的一年级教室

图 5-7-2　休宁双龙小学实景照片

2. 反思

新理念的创新以及新技术、新材料的开发与运用对于学校建筑的发展是非常重要的，但从使用者的角度考虑其最基本的实用性、舒适度与便捷性也同样很重要。建筑师应对新的设计理念将会对使用性能产生的各种影响做全面的考证，然后在反复试验、研究、验证新的材料与技术之后再进行实际的运用。在此基础之上，建筑师再利用较高的设计自由度以及有限的资源为乡村带来兼具实用性以及创造性的学校建筑。

5.2.3　选址建校与资源配置

第三个问题是有关今后应更加合理谨慎地进行选址建校以及资源配置的问题。具体来说，在援建乡村学校时，建筑师与捐助单位需更加谨慎地进行选址等准备工作，因为这会与今后学校是否能顺利地运作，功能是否能得到正常发挥等问题相关。

1. 案例分析

> **案例：桥上小学**
> **竣工年份：** 2009 年
> **所在地：** 福建省平和县崎岭乡下石村
> **特征：** 农村小学
> > ■桥和学校一体化
> > ■校舍横跨小河联结两岸
> > ■学校放假期间，学校建筑被当作当地社区的交流空间使用

福建省平和县崎岭乡下石村的"桥上小学"（现更名为"桥上书屋"）是一座跨越溪水连接两座土楼的兼具桥梁功能的小学。学校结构是横跨小河的两组钢桁架，桁架之间布置有两个教室、一个公共图书室和一个便利店。悬挂在结构下部的小桥是可供村民使用的步行桥。传说旧时两座土楼中的家族互为仇敌，遂划渠为界，互不往来。"桥上小学"的设计理念由此而生：溪水之上，土楼之间，桥与学校，用孩子连接"现在""过去"与"未来"。两间教室的外端口都设置有可以打开的门，面向

土楼的端口上的推拉门可以使教室完全敞开变成一个小型舞台。节庆日，桥上书屋便成为整个村庄的公共空间，村民可以聚集在鹅卵石空坪上观看演出。

　　但是据调查与采访了解到的现状却是两岸的两栋土楼早已被废弃，附近也很少有住户。2009 年 9 月竣工的小学在使用不到一年以后就因为"撤点并校，集中办学"这一政策被撤校，学生们都到县里上学了。现作为村落的图书室以及文化活动中心的"桥上小学"平时并不开门，管理员只在有游客要求参观书屋时才开门。作为演出的舞台空间也只在春节等节庆日用来看木偶戏，但这样的演出一年只有四五场。桥上书屋的不远处另有桥梁，桥头广场被修建得很好，但却空无一人。建造质量优良、拥有创造性设计理念的"桥上小学"亦没有被有效利用（图 5-8）。

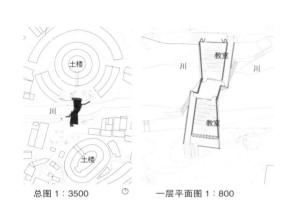

总图 1 : 3500　　　　　一层平面图 1 : 800

* 照片①②③④的出处：参考文献 51) 的 pp52–57

①②连接土楼的教学楼

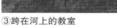

③跨在河上的教室　　　　④以前在教室学习的学生

▼　「现　状」

⑤现在的空教室和管理员　　⑥打开门后就可以成为舞台的北侧教室　　⑦只有游客来参观时，村里的孩子才可以进到校舍里看上几分钟图书

⑧⑨被废弃的土楼　　　　　　　　　　　　　　　⑩村里的孩子并不能随时来利用这个被当作村的图书室的小学

图 5-8　桥上小学设计图与实景照片

2. 反思

建筑师以及捐助单位在准备建校选址时，应在当地行政及教育部门的协助下深入了解当地的社会问题、教育现状、人口变化趋势及未来村落的发展等，在综合考虑当地教育的实际需求的基础上进行合理谨慎的选址、设计与建设工作。这样才能使有限的资源得到合理的分配，建成的学校得到充分的利用，甚至使建筑在需要改变功能的情况下能顺利转换及得到有效的利用。

5.2.4 竣工后的维护工作

第四个问题是有关如何更好地进行建成后维护工作的问题。在新建的乡村小学中，大多由建筑设计团队监管，由设计团队指派的施工单位或当地的施工队、村民以及志愿者进行建造。由于有限的建设资金、当地施工人员技术的局限性以及当地自然条件对建筑材料的影响等原因，学校建筑现在都陆续出现了需要维护的地方。

1. 案例分析

经调查了解到，琴模小学校舍中作为教师宿舍的房间的屋顶出现了漏水现象；黑虎壹基金自然之友小学的木制窗框出现了老化，导致不能久开或久关的现象发生；休宁双龙小学出现建筑材料老化、防火漆脱落等现象；里坪村小学出现了走廊扶手老化变形现象等。但由于路途遥远以及当地的施工团队对维护方法的不熟悉等原因，使用者的维修要求往往并不能被及时告知设计团队以使建筑得到及时的修缮，导致出现的以上问题一直无法得到解决（图 5-9）。

案例一：里坪村小学	案例二：休宁双龙小学
竣工年份：2010 年	竣工年份：2012 年
所在地：四川省青川县骑马乡里坪村	所在地：安徽省休宁县五城镇双龙村
特征：震后重建·农村小学	特征：农村小学
■改造自由传统构造"串斗式木架构"建造而成的庙	■抗震性能高，施工速度快

①二层走廊的扶手老化变形　　　　　　　　　　　②③建材的老化、防火漆的脱落

图 5-9-1　学校建筑陆续出现需要维护的地方（一）

案例三：黑虎壹基金自然之友小学

竣工年份：2010 年

所在地：四川省茂县黑虎乡

特征：震后重建·农村小学

　　■以传承当地的文化为设计主旨

案例四：达祖小学（新芽学堂）

竣工年份：2010 年

所在地：四川省泸沽湖镇达祖村

特征：震后重建·农村小学

　　■采用抗震系统和环保学校模式

④因窗框的老化窗户不能长时间地开和关

⑤教室内的换气小窗坏掉并脱落

案例五：美水小学（新芽教学楼）

竣工年份：2011 年

所在地：云南省大理剑川县美水村

特征：震后重建·农村小学

　　■云南大地震后重建，坐落在白族及其他民族居住的村庄

　　■设计理念受当地风景、场地地形、乡村景观的启发

　　■融入当地传统的民居设计特点

　　■设有带许多洞口的走廊

⑥办公室出现漏水现象

⑦需要重新修补的墙面

⑧已被重新修理过的窗户

图 5-9-2　学校建筑陆续出现需要维护的地方（二）

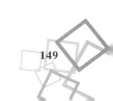

2. 反思

建筑师在设计建造时，除了需加强对施工质量的严格监管以外，还需考虑到建成后维修的问题，应尽量采用坚固耐用、维护简单的建筑材料。如在运用新技术及新材料时，需与当地的施工队进行充分的协调与沟通，尽量采用将外部的施工团队与当地的施工团队相结合的建造方式，把维护保养的方法传授给当地的施工团队，以保证在没有设计团队在场的情况下建筑也能及时得到很好的维护。

5.2.5 撤点并校政策下的村小

通过调查了解到，在新建的这 14 所新希望小学中，2009 年完成的福建省平和县下石村的"桥上小学"、2010 年完成的四川省青川县里坪村的"里坪村小学"以及 2009 年完成的四川省剑阁县下寺村的"下寺村新芽小学"这 3 所小学因为"撤点并校，集中办学"这一政策现在已不再作为学校使用了。它们或作为老年活动中心、庙宇和村图书室，或作为村民的临时住宅被使用着。

2001 年，国家出台的"撤点并校，集中办学"政策最初其实也是考虑到改善城市与乡村的师资力量、硬件设施、教学水平发展的不平衡，为了缩小这种差距而做出的。该政策整合教育资源，使合并后中心学校的教师数量增加，改善教学条件，提高教育质量。但因为许多地方教育部门在响应"因地制宜调整农村义务教育学校布局"时，将重点放在"撤点并校"，往往忽略"方便学生就近入学"这一前提，因此也带来了各种问题。

根据对 3 所被废校的原任教师与家长、当地村民的采访了解到，问题主要集中在路途变远导致上学困难、花费增大、辍学率回升、教育质量不升反降、社会实践课程的减少以及学生对乡土文化的冷漠、对地域文化的漠视等方面。不遵从因地制宜的原则，不根据当地的教学质量、村落人口密集度、偏远程度等实际情况就统一撤掉村小实行集中办学这件事给乡村的学生、家庭甚至对整个村落的发展带来了深远的影响。学生上学包车、异地租房加重了原本就不富裕的农村家庭的经济负担。此外，集中办学的中心小学学生数量过多，一个班学生数超出了正常范围，这与原来实行小班教育的乡村学校比起来，教学质量得不到保障。另外，乡村教育属于是扎根农村、扎根地域社会的教育。除课本知识的传授以外，以培养自理能力、动手能力、合作能力为目的的社会实践、劳作活动等也是其主要教育内容，但是封闭式的集中教育却难以达到此目的。最后，也是最重要的一个影响是，从小就要离开乡土去异地念书的孩子很难从学校的教育活动中学习到有关自己村落的文化与特色，对地域文化缺乏了解更会导致他们对乡土社会人情的感情缺失，不利于将来乡村的发展。这反倒违背了改变城乡学校教育发展的落差乃至缩小城乡之间的贫富差距的初衷。幸而近年国家新政策出台，表示过去没有合并的村小尽量保留，将会更加温和地对待"撤点并校，集中办学"这一问题。期待今后在集中办学这个问题上地方的教育部门可以更加谨慎对待，从当地的教育质量、人口数目、地理位置等实际情况出发落实政策（图 5-10、图 5-11、图 5-12）。

案例一：桥上小学

竣工年份：2009 年

所在地：福建省平和县崎岭乡下石村

特征：农村小学

■桥和学校一体化

■校舍横跨小河联结两岸

■学校放假期间，学校建筑被当作当地社区的交流空间使用

2009 年竣工的桥上小学在 2010 年被废校。现在学校更名为"桥上书屋"，成为村的图书室。

①②③以前的教室

＊照片①的出处：参考文献 50) 的 pp37; 照片②③的出处：参考文献 51) 的 pp57

「现　状」

④⑤⑥⑦原来的教室成为图书室

图 5-10　桥上小学实景照片

案例二：里坪村小学

竣工年份：2010 年

所在地：四川省青川县骑马乡里坪村

特征：震后重建·农村小学

■改造自由传统构造"串斗式木架构"建造而成的庙

2010 年竣工的里坪村小学在建成的这一年就被废校了。现在，学校成为村里的老年活动中心和庙宇。

①②学校的外观　　　　　　　　　　　　　　　　　③教室内的学生

「现　状」

④变成庙宇的原教室

⑤老年活动中心　　　　⑥空教室

＊照片②～④由建筑师提供

图 5-11　里坪村小学实景照片

案例三：下寺村新芽小学

竣工年份：2009 年

所在地：四川省剑阁县下寺村

特征：震后重建·农村小学

■是建筑师对结构系统、环境负荷和社会经济学等进行整合和系统化研究的结果

■对易于构建、快速施工并且具有较高的内部环境性能的轻钢结构系统的研究与开发

下寺村新芽小学在汶川大地震后重建，于 2009 年完成。学校在使用两年后关闭，目前被用作村民的临时住房。

①原小学

②③　在教室学习的学生

＊照片①－③由建筑师提供

▼　「现　状」

④教室被分隔成居住房间　　⑤原学校的外廊　　　　⑥原学校的中庭

图 5-12　下寺村新芽小学实景照片

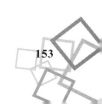

5.3 小结

本章总结了使用者对学校空间做出的评价以及提出的要求，同时也详细分析了在项目成立、建筑设计、施工建设及后期使用等方面存在的问题，并在进行反思的基础上给出了相应的建议。

相对于在城市学校建筑设计中占主导地位的均一化、规格化的设计手法以及传统的设计理念，更具话语权、设计自由度及对整个项目的掌控力相对较大的乡村学校的建筑师所采用的设计手法、技术以及材料则更具多元化和创造性，其设计理念也更为先进。这对于学校建筑仍处于发展阶段的我国来说是一个很大的进步。

然而，在今后建设乡村小学时，首先，我们需要认识到统一建筑师与乡村小学的使用者的观念与想法的重要性。建筑师应与使用者在从学校的最初规划、设计阶段直至投入使用阶段的过程中通过举办多方参与的讨论会以及使用说明会等方式保持充分的沟通与交流。建筑师所采用的具有创新性的设计理念与手法需要被使用者理解与接受。而使用者对设计持有的疑问以及不解也需要及时与建筑师沟通与交流。另外，建筑师需要在对学校的管理方法有一定了解的基础上采用适当的方式把设计想法和使用方法传达给使用者。而使用者也应将在使用过程中遇到的问题以及对功能的意见及要求及时反馈给建筑师。建筑师与使用者双方这样的积极互动才是保证建筑空间以及设施能够得到正确使用的前提。

其次，设计始终需要以使用者的角度为出发点。新理念的创新以及新技术、新材料的开发与运用是学校建筑变革与发展的不可或缺的要素之一。然而以对学校功能所要求的基本条件的满足为前提的创新才能真正得到使用者的肯定，才会得到更广泛的运用。另外，建筑师还需考虑到使用者是否能够独自应对今后学校建筑的维护工作。由于乡村小学大多分布于偏远地区，维护的成本对于学校是一个不小的负担。建筑师需预先考虑到学校的维护问题，通过与当地施工队的合作，做到在建筑师不在场的情况下学校建筑也能得到好的维护与运作。

再次，建筑师及捐助单位还应在选址建校时多与当地教育部门进行沟通与交流，并且通过开展当地居民参与的交流讨论会听取各方意见，在对预建学校所在区域的问题现状、教育资源、教育前景、地域社会的要求做全面的调查与评估之后，再进行援建工作。这样才能最大化地充分利用资源解决乡村的教育问题。

最后，"撤点并校，集中办学"并不一定是改变城乡间学校教育发展不平衡的唯一方法。如前文中提到过的，自由多样化的乡村小学的建设对于吸引支教老师以及提高教育水平有着很大的影响力。所以，乡村小学建筑的建设不应该仅仅局限于硬件设施的增加，还应该通过建造具有多样性以及创造性的教育设施，引起社会的广泛关注，使得基础设施得到进一步的完善，促进支教老师的增加，增强师资力量，提高教学质量，同时提高硬件与软件（表5-2）。

表 5-2　问题的现状、影响

问 题	现 状	影 响
建筑师与使用者的交流	使用者对建筑师的设计理念、手法、空间使用方法的理解不足； 建筑师没有很好地把握住使用者对设计理念的理解程度、意见以及要采用的管理方法； 使用者没有及时地向建筑师传达设施利用过程中发生的问题、意见和要求	学校建筑空间利用率低，使用者未按当初的设计理念使用设施； 学校自行进行改造
新理念、新技术、新材料的运用	许多新希望小学的建筑师已经放弃了保守、标准化和统一的设计方法，并在科学研究的基础上运用了多种创新的颇具挑战性的设计原则、新技术和新材料	对教育空间应具备的基本条件（例如教室采光、通风和便利性）具有一定的负面影响
选址建校与资源配置	在某些情况下，捐助者和建筑师选择学校的地点时并未充分了解当地的实际需求、社会问题、教育状况、人口数以及该地区的未来发展策略	有限的资源未得到合理分配，在学校的平稳运转、设施的有效利用以及在学校功能发生变化的情况下平稳的转换和使用方面存在问题
竣工后的维护工作	①资金有限，建筑材料和本地施工人员的技术限制以及当地自然条件对建筑材料的影响； ②许多学校位于偏远地区，当地工匠的维护技能不成熟，对新材料和新技术的维护技术不熟悉	学校建筑物的许多地方需要维修； 用户无法将维护的要求及时传达给设计者，导致学校校舍有些地方尚未修复
撤点并校政策下的村小	"撤点并校"（撤掉每个村庄中的小学，并将它们统一成在乡或镇的中心学校）	被调查的 14 所学校中有 3 所被关闭； 随着上学的路上时间越来越长，出现了诸如上学困难、辍学率的上升以及因租车和租房给家庭带来的负担增加等问题； 与小型学校相比，统一的大型"中心学校"的班级有太多的学生，无法保证教育质量； 扎根地域社会的教育，除课本知识的传授以外，以培养自理能力、动手能力、合作能力为目的的社会实践、劳作活动等也是其主要教育内容，但是封闭式的集中教育却难以达到此目的； 从小就要离开乡土去异地念书的孩子很难从学校的教育活动中学习到有关自己村落的文化与特色，对地域文化缺乏了解更会导致他们对乡土社会人情的感情缺失，不利于将来乡村的发展。这反倒违背了改变城乡学校教育发展的不均衡乃至缩小城乡之间的贫富差距的初衷

第6章　从新希望小学的特色案例窥探学校运营新模式的萌芽

　　由前文的分析我们可以了解到，在外部的慈善团队和建筑师的支援下新建起的丰富多样的新希望小学，给当地的教育事业以及当地社会的发展带来了积极的影响。同时也知道，支持这些学校建设工作的大多数援助者在学校建筑完工后，除了必要的维护工作以及收集用户使用评估和环境测量数据之外，就不再过多参与学校之后的具体的运营过程了。但是四川省泸沽湖镇达祖村的达祖小学和甘肃省陇南市文县中庙镇茶园村的茶园小学这两所新希望小学却很与众不同，援建它们的慈善团队不仅带头进行复建或重建工作，而且还在学校建设完毕后一直支持着包括经费筹措、课程设计、未来发展战略制定等学校的运营工作以及学校所在地区的发展工作。这使得这两所学校及其所在村落的发展在近几年取得了很好的成效。同时，我们也可以从中窥探到一种新的学校运营模式的萌芽。

　　本章通过分析达祖小学和茶园小学这两个特色案例在外部慈善团队、专家和当地居民的合作下进行的复建或重建过程、特色课程的设计过程、学校的运营状况、学校取得的成效和带来的社会影响等，来探讨新希望小学今后运营模式发展的新的可能性，并期待能为其他学校的运营提供一些参考和借鉴。

6.1　达祖小学

　　达祖小学坐落于四川省盐源县泸沽湖镇达祖村。这个村子是一个纳西族古村落，紧邻泸沽湖，背靠覆盖着森林的群山，总人口有 900 多人，共有 120 户人家。大多数村民属于纳西族，会说纳西语，信仰藏传佛教和东巴教，并且这个村子保留着很多纳西族的传统习俗与生活习惯。尽管达祖村紧邻旅游胜地泸沽湖，但其旅游业相比泸沽湖周边其他地区来说，却并不算发达。村民主要靠家庭主要劳动力务农或者外出务工以及干一些木工、砌石等技术活养家。尽管如此，拥有着丰富的自然资源以及风景优势的达祖村仍然有着很大的发展潜力。

　　复建于 2004 年的民办学校达祖小学在最开始只设有学前班和一年级。经过了 15 年的持续办学，2019 年达祖小学已设有学前班以及一到六年级，学生人数每年保持在 80 人左右，本地老师有 10 人左右，另有支教老师 3～5 人。由此，曾经辍学率很高的达祖村现在全村小学的入学率已经达到百分之百（图 6-1）。

　　学校主要校舍的建设大致可分为两个阶段，在原有旧校舍的基础上进行复建改造是第一个阶段。新建一座校舍属于第二阶段。两个建设阶段都是在外部慈善团队、专家以及当地村民的合作下完成的。另外，在这几个团队的合作运营下，学校不仅设计和开展了很多符合素质教育理念、乡土教育方针的扎根于当地民族文化特色的教育活动以及与村落联合举办的产学协力合作项目，而且还创建了一个公益平台，为其他山区的孩子们解决就学问题，为山区学校解决物资不足等问题。笔者将达祖小学这15年来的运营按三个阶段大致分为了"慈善团队领导下的学校初期运营""多方协作下的发展阶段运营"以及"从被动式变主动式的本地人主导下的现阶段运营"。接下来笔者将主要对在外部慈善团队、专家和当地居民的合作下的学校复建过程、学校三个阶段的运营状况以及学校取得的成效和带来的社会影响进行详细的论述与分析（图6-2）。

图6-1　达祖村和达祖小学校园实景照片

（图片来源：泸沽湖达祖小学微信公众号，《达祖小学，泸沽湖畔》，图片引用已得到达祖小学王木良校长的许可）

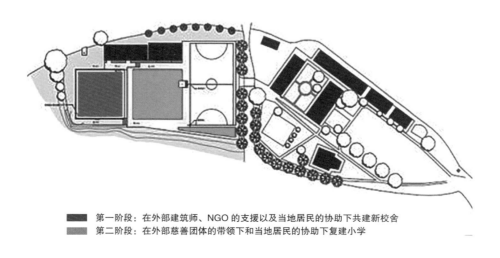

■　第一阶段：在外部建筑师、NGO的支援以及当地居民的协助下共建新校舍
■　第二阶段：在外部慈善团体的带领下和当地居民的协助下复建小学

图6-2　达祖小学校园在不同建设阶段的建设情况

6.1.1　在外部慈善团队、专家和当地居民合作下的学校复建过程

1. 第一阶段：在外部慈善团体的带领和当地居民的协助下复建小学

2000 年，因为资金紧缺等原因，原达祖小学不得不面临撤校的困境，因此村里的孩子不得不步行很长时间到邻村上学。而上学路途的遥远也使得有些孩子干脆辍学务农。2004 年，来自台湾地区的爱心支教团队在来泸沽湖旅游时了解到达祖村的孩子上学难这件事后，做出了协助村民复建达祖小学的决定。他们通过自掏腰包以及向社会爱心人士筹集资金，动员包括老人与孩子在内的全体村民共同在原有建筑的基础上复建并扩建了几座具有当地传统特色的木制校舍。复建过程并没有专业建筑设计师的参与，包含教室、教师办公室、宿舍、浴室、卫生间、电脑室、图书室、厨房、餐厅、教学凉亭和篮球场等在内的设施均是在支教团队带头人的带领下由当地村民凭借修建当地民居的建造经验自行搭建而成的。校舍所用的砖和木材等建筑材料也是或就地取材或由每户人家自愿提供的（图 6-3）。

图 6-3　村民们一起帮助建设学校

（图片来源：泸沽湖达祖小学微信公众号，《达祖小学，泸沽湖边没有围墙的公益小学》和《从达祖到公益》，图片引用已得到达祖小学王木良校长的许可）

2. 第二阶段：在外部建筑师、NGO 的支援以及当地居民的协助下共建新校舍

学校的复建吸引了本村及周围村庄的孩子们就近入学，提高了入学率。然而学生人数的不断增加却使得原有校舍变得不够用。另外，此时也正逢汶川地震后学校重建浪潮，乡村教育办学条件的提高开始受到各界的关注。因此在此背景下，2010 年在外部建筑师、NGO 的支援以及当地村民的协助下，一座现代化的校舍——新芽学堂被建设而成。

新校舍的项目启动过程主要分为四个阶段：一是，为了响应四川震后重建学校的要求以及提高农村办学条件，香港的NGO在各地进行考察，收集农村各地有关教育设施现状以及资金捐助等的信息；二是，选定为学校建设提供资金支持的基金会以及在高校任职的建筑师；三是，在筹备完建设资金后，NGO和建筑师共同对达祖小学的现状进行详细调查；四是，在了解到学校对新校舍的需求、当地具有一定的交通和基础设施条件以及有第三方慈善团队对学校和校舍进行管理等情况之后，NGO和建筑师最终决定为达祖小学捐助新校舍。之后，在向当地政府申请并获得许可后，建筑师就正式地开始了学校的设计工作。由此，我们可以看出，新校舍项目的启动是由NGO首先发起的，再经由其与建筑师的共同推动开展起来的。

接下来有关新校舍的具体的设计与建设流程，由于已经在第3章的"3.4.2 设计建设流程及其特征"这一小节中进行了比较详细的解析（具体请参考C大学C副教授带领的设计团队的设计建设流程的相关内容），因此在这里就不再重复阐述了。但是值得再次强调的是，无论是新校舍的设计过程还是建设过程，都是由建筑师主导，并在NGO和当地政府的辅助以及当地村民、工匠、外部志愿者的积极参与下完成的。可以说这是一个多方参与、团结协作的结果。

6.1.2 慈善团队领导下的学校初期运营（2005—2008年）

2005年复建后的达祖小学的校长是由复建学校的爱心支教团队的带头人担任的。学校教师则是由少数当地的教师以及多数外地的支教教师构成的。这是由于当时达祖村的文盲率高达90%，当地人的文化水平不足以完成学校的教学任务。为了解决这个问题，在初期只设有学前班和一年级的情况下，学校还在晚上开设了成年扫盲班以提高当地人的整体文化水平。此时学校的运营资金主要由外部的爱心人士、慈善组织和企业支援。但是由于学校免收学费，因此运营资金特别是学校在行政方面的费用始终还是得不到保障。2006年，支教团队的带头人提出把学校运营成一个集合基础教育、扶贫助学、儿童医疗救助、环境文化保护、原生态农业、生态旅游这6个项目的多功能的公益平台，即"达祖公益"。2007年，因为支教团队带头人的突然离世，当地教师的信心受挫，外地老师的支教期限也即将到来，部分组织和企业停止了对达祖小学的捐助，资金筹集成为一大难题。之后在爱心支教团队的持续努力下，学校终于得到了一家上海公益团体对行政方面的持续资助。2008年，学校终于取得了官方认可的民办小学的办学资质。

6.1.3 多方协作下的发展阶段运营（2008—2016年）

1. 运营团队

随着学校的不断发展，再加上爱心支教团队的不断努力，学校的运营团队开始呈多元化发展趋势，团队成员主要由三组人组成：第一组人是最初复建学校的来自台湾的爱心支教团队，他们带来了资金和各项资源，协助寻找捐助者和各领域的专家，引进了新的教学理念、思想、技术，为学校的发展提供了更广阔的前景，扮演的是高层管理者的角色；第二组人是由慈善团队招募的志愿者组成，他们来自上海、北京等地，对我国的国情、相关办事流程比较了解，承担着具体执行学校运营的责任，扮演的是中层管理者的角色；第三组人就是当地的教师，在此阶段他们在团队中扮演着被培养者和被培训者的角色。

2. 运营团队和民族乡土课程活动设计的关系

在复校初期，支教团队的带头人就提出了今后要把学校运营成一个集合基础教育、扶贫助学、儿童医疗救助、环境文化保护、原生态农业、生态旅游这 6 个项目的多功能的公益平台。因此为了实现这个目标，学校决定除了国家规定的统一课程以外，再设计一些扎根当地社会的，与本土民族、文化和产业息息相关的民族乡土教育课程和公益活动。具体的课程活动内容以及教育方式的设计是由学校的运营团队完成并执行的。课程内容设计的初步方案是在运营团队对当地的文化、资源、现状和将来发展方向的讨论中产生的。而推动这些想法实施的其实还离不开另一批人，也就是来自外部的各领域的专家。这些由爱心支教团队成员和经费捐助者寻找来的专家里有：对学校与当地社会之间的协作教育活动的设计与推动给予了专业支持的且具备文创规划、社区营造经验的城乡规划专业的专家；支持达祖小学生态农业发展、推动当地的污水资源化、研究酵素生产等项目的粮农方面的专家；在东巴文的教学、东巴民歌的课程内容设定上提供建议的音乐领域以及文化领域的专家。这些专家们在课程设计过程中扮演的是顾问以及智库的角色，推动着新的教育课程的顺利落地。

3. 民族乡土教育课程和公益活动

在多方协作下的发展阶段的运营中实施的民族乡土教育课程和公益活动的具体内容和实施方式如下。

1）民族乡土教育课程

民族乡土教育课程是具有当地民族特色的，并与当地社会的传统文化、技能、风土民俗、工艺与产业紧紧相连的特色课程。

A. 纳西族东巴文化课程

东巴文是纳西族使用的文字，在过去该文字是由被称为"东巴"的智者所掌握的，故被称为东巴文。作为兼备表音和表意功能的，同时也是世界上唯一一个还在被使用的图画象形文字，东巴文甚至比甲骨文的形态还要原始。东巴文拥有《东巴经》这一宗教典籍对其进行系统描述，以至于能够被完整地记录典藏，被称为文字的活化石，是人类珍贵的文化遗产。但是现在纳西族人会读写东巴文的人越来越少，除了族中的东巴（纳西族的长老），大多数成年人都不认识东巴文。所以从 2010 年开始，学校为了能够让东巴文化继续传承下去，决定将纳西东巴文化带进小学课堂。首先学校找到村里的一位老东巴（纳西族祭司），由他先教本地教师写东巴文。之后在二年级到六年级每天的课表里安排一堂东巴文化课程。课上，教师除了教学生认识东巴文，还要讲述民族古老的传说和习俗，带领学生欣赏民族传统歌舞和绘画。

另外值得一提的是，为了让村里的成年人也能学习东巴文，从而更深地了解本族的文化，学校于 2015 年开始另设了东巴夜校，在晚上和周末请村里的东巴来教授村民东巴文，带领他们学习本民族的文化民俗、制作东巴文的经文祈福卡。

B. 民族音乐舞蹈课程

为了加强学生对本民族文化的传承意识，学校还会定期邀请当地的东巴教学生纳西族的传统舞蹈和音乐，并且还会在每天的课间操，让教师带领学生学习和练习民族舞蹈。

C. 本土绘画课程

据支教教师说，达祖小学的孩子对于图案以及色彩有着天生的敏感，这与他们从小就能接触到纳西族的图腾以及东巴象形文字有着很大关系。所以为了提高学生绘画方面的能力，学校在绘画课程中采用了户外写生结合室内创作的授课方式。这样的课程设计不仅可以让学生充分利用当地丰富的大自然资源进行艺术创作，而且还可以培养他们对自己故乡水土的热爱之情。

D. 农场实践课程活动

2012 年，达祖小学爱心支教团队获得央视"最美乡村教师"的称号，他们决定用所获得的 20 万元奖金承包农场，挣钱补贴学校。由此，由校长和教师共同管理的达祖小学的学校森林农场就此诞生。秉承着"让孩子们在实践中体验、在实践中学习"的宗旨，学校利用达祖村所独有的自然与人文宝藏，把森林农场作为学生课外实践活动的基地。

在农场，教师会教授学生当地的农作物的种植知识，带领学生一起种植树木和各种农作物，并在收获期采收农作物。这些需要亲身体验与动手的农场实践活动不仅让学生学习如何进行团队合作，体验付出与收获，而且还帮助学生了解人与环境的关系，丰富他们保护环境的知识、技能，培养他们形成科学的态度及价值观。

另外，课外时间，全校师生还会一起整除野草、捡拾掉落的果实以及到田里整理收割作物杆，将这些作为给牲口的饲料或堆成有机肥料。这样的生活教育不仅可以让孩子们学习资源可持续利用的相关知识，还可以让他们深刻理解敬天爱物、珍惜万物的重要性。此外，到了周末，校长还会带学生一起参与农场内的各种建设，学习课本上没有的，例如在大山里开路、填平被雨水冲蚀的小路、建桥、看水路、生火做饭等野外的基本生存技能（图 6-4）。

E. 学校与村落的产学合作项目

（1）农产品的生产与销售。学校当初开办森林农场的一个最主要原因是为了解决学校运营资金短缺的问题。因为达祖小学是民办小学，教师的工资和运营费用都需要学校自己筹备。因此，为了获

图 6-4　学生在上有机种植课，参与农场内的建设活动

（图片来源：泸沽湖达祖小学微信公众号，《达祖小学的孩子 周六在做什么呢？》《谷雨节气｜达祖小学有机种植课》《学习之道，在乎实践》，图片引用已得到达祖小学王木良校长的许可）

得更多的办学经费，校长、教师、学生、家长和村民们共同在农场种植生态农产品，驯化野猪，饲养禽畜，采摘季节性菌菇。等收获期结束后，大家还一起对生产的有机无农药的农作物产品和健康的原生态农牧产品进行包装，同时学生们也贡献出他们的绘画作品用作包装设计。此外，在捐助团体的宣传帮助下，学校还会通过微店以及定期参加在城市中举行的展销会等方式向外出售产品。在展销会上展览并销售的不仅有达祖小学的农产品，还有学生绘制的绘画作品、手工制作的写有东巴文的木版画、首饰等东巴文化制品。学校期望通过这些农产品以及民族文化制品的售卖而产生的收益可以支持学校在经费上的自给自足，并让学校、村落和家庭共同受益（图 6-5）。

图 6-5　农场的农产品和展销会

（图片来源：泸沽湖达祖小学微信公众号，《2018 我们做了这些事》《时间一直在那儿 流过的是我们》，图片引用已得到达祖小学王木良校长的许可）

　　（2）达祖体验深度旅游项目与纳西族乡村文创活动。伴随着泸沽湖景区旅游的开发，外来商品的大量进入使得本地村民纷纷放弃手工制作，传统的手工艺逐渐消失。因此抱着"帮助保存古法手作的工艺"这一初衷，2016 年达祖小学开始与村民联手，结合农场体验，发起了达祖体验深度旅游项目以及纳西族乡村文创活动。达祖体验深度旅游项目主要包括参观达祖小学、农作体验活动、学习与土地和谐相处、学习探索神秘的东巴文化和学习东巴象形文制作祈福卡等活动的亲子夏令营和亲子工作坊。其中与农作体验活动紧密相连的是学校帮助村里开展的一个创新项目——纳西族乡村文创活动。此活动包含了野生青刺果油压榨、咣当酒酿制、原生豆浆制作、纳西手工制作、羊毛纺织这 5 个走进村民家中体验的文创项目。而这些项目是教师们根据季节和村民的接待能力，帮助村民开创制定的，同时也为近几年的研学活动打下了基础。另外，为了更好地促进旅游项目的开展，学校农场也增设了如射箭、骑马、露营、烧烤、有机肥制作等多样的生态旅游项目以吸引更多的游客来到达祖村。通过这些项目的开设，学校和村落希望在让外界体验当地的文化特色的同时，增加村民的收入，改善当地的生活条件，带动当地经济的发展（图 6-6）。

　　2）达祖公益活动

　　在 2005 年到 2016 年的初期以及发展阶段中，本着"让孩子们都能完成基础教育"这一初衷，达祖小学利用自身的影响力创建了达祖公益平台，通过持续的山区走访，开展了支教项目、结对助学、儿童医疗救助这三个项目，旨在解决山区儿童的就学问题。

图 6-6　达祖体验深度旅游项目以及纳西族乡村文创活动
（图片来源：泸沽湖达祖小学微信公众号，《农场活动纪实》《达祖自然教育游学营》，图片引用已得到达祖小学王木良校长的许可）

A. 支教项目

学校通过建立有效、可持续的平台，向社会募集资源，招募长期的支教志愿者。在进行培训管理筛选后，将支教志愿者安排到当地从事教学工作，支持边贫地区的儿童教育。目前，达祖公益的支教项目覆盖凉山州昭觉、木里、美姑、泸沽湖等地区的 11 所小学，惠及 1000 多名学生。

B. 结对助学

其他山区的孩子和达祖村的孩子们一样对未来充满着理想和希望，但往往却因为物质上的匮乏，不得不放弃受教育的权利。因此，达祖小学利用自己的公益平台的优势，运用结对助学的方式，给这些家境困难但坚持上学的山区孩子们提供一些经济上的资助，以便他们能够顺利完成学业。截至 2013 年秋季学期，已经有 362 位学生受助。

C. 儿童医疗救助

学校教师在走访过程中看到，山区一些孩子或因受伤导致身体残疾，或因先天性疾病导致身体机能受损，但是由于家庭经济困难、医疗资源匮乏，再加上家长意识不足，孩子们只能接受现实。于是，为了给山里有需要的孩子们提供及时的医疗救助，学校还建立了医疗基金。截至 2015 年，达祖公益共帮助 23 位患儿进行了专业诊治。

4. 资金

随着学校知名度的上升，在此阶段，学校资金来源也渐渐呈现多元化的发展趋势。除了一直持续资助学校行政经费的上海公益团体，社会各界的爱心人士、企业单位和慈善组织也纷纷给学校捐款。学校偶尔也会得到某个基金会的支持，通过公益平台向社会各界发起众筹活动为教师筹集薪资。另外，更加值得关注的是由于学校农场的顺利运营，通过微店和展销会出售农产品得到的收益也渐渐变多，离完全支付学校的办学经费又近了一步。

6.1.4　从被动式变主动式的本地人主导下的现阶段运营（2017—2020 年）

自 2017 年到 2020 年初，达祖小学的发展得到了一个质的飞跃。无论是运营团队、教育课程活动还是运营资金方面都有了更大的提高。最值得关注的是当地人对学校的运营管理也由最初的被动逐渐变成了主动，他们以更加积极的姿态参与学校运营的各项活动。

1. 运营团队

自从 2011 年当地人王木良担任校长以后，达祖小学的管理重任其实就开始有交回到当地人手中的趋势。之后经过近十年的发展，一直扮演着被培训者角色的当地老师们也成长起来，逐渐开始与志愿者一样、甚至代替志愿者承担起学校的主要运营以及管理责任。到了 2019 年，达祖小学已经有了稳定的 10 位本地教师以及每年招募的 3～4 名支教教师。至此学校师资力量已由当初刚建校时的外部支教教师多于当地教师变成当地教师远远多于外地支教教师的局面。现在，运营管理学校的主要以本地教师为主。他们联合外部志愿者和村民们一起共同践行着学校的使命。

2. 达祖公益下的各种课程和活动

经过近十年的发展，至 2020 年初，达祖小学一直以来实践的各种民族乡土教育课程和各种公益活动已经逐渐形成了一个完善的体系。因此这时候达祖公益也已经被完善成了一个支持达祖小学、森林农场、结对助学、儿童医疗救助和学校物资五个项目顺利实施的总平台。下面将对这五个项目分别做简单的介绍。

1）达祖小学

现在，达祖小学的所有课程主要分为国家规定的基本的9门课程、民族文化东巴课、自然教育课、每周五半天活动课和兴趣活动课这五个部分。

A．民族文化东巴课

这些年达祖小学一直在摸索最适合山区孩子的民族乡土教育。自从2010年纳西东巴文化被带入课堂以后，近年来更多的课程活动设计均是通过让孩子走出教室，在村落、农场、大自然间活动的方式去认识自己成长的家乡和土地。

现在的民族文化东巴课主要分为四大部分。第一部分是东巴文字的学习，其中包含识字、造字以及东巴文书法（文字、书写、布局、练习）的学习内容。第二部分是民俗传说和歌谣，通过教授孩子纳西歌谣和纳西舞蹈、讲述民俗与传说，让孩子与祖先连接，继承本民族的文化。第三部分是本土地理历史，带孩子到村落里，认识自己生活地区的山川、动植物，让孩子们为历史而骄傲，为祖先而自豪，同时建立可持续发展的理念。第四部分是民族手工，让孩子认识并亲身体验祖先传下来的传统手工艺，例如，手工织布、绘制树皮画、手工制作东巴纸、泥塑、东巴画、木雕、搭建祖母屋、制作猪槽船、东巴字延伸、东巴石头和木头画等（图6-7）。

B．自然教育课

近几年，达祖小学还开创了每周六或周日半天的自然教育课。教师们根据一年的不同季节和时间段对课程进行了详细的设计。上课地点大多在室外，即达祖村及其周边地区。3—4月份春耕时期，带领学生观察达祖村的树，认识叶子，记录一朵花的开放过程，分辨土壤的不同，观察水和温度对植

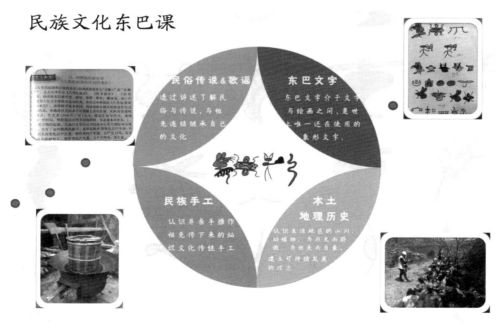

图6-7-1　民族文化东巴课（一）

（图片来源：泸沽湖达祖小学微信公众号，《2019我们做的事》，图片引用已得到达祖小学王木良校长的许可）

民族文化东巴课

纳西东巴传统经文

坐在水里，
不伤到水的泡泡，
我是很轻很温柔的；
坐在树上，
树叶树枝一个都不会掉

所有的野生动物是水神管的，
不能去伤害这些野生动物，
不能去破坏水神家的树或房子
（水神的房子就是大自然）

手工织布　　　民族舞蹈

建筑　　　树皮画

图 6-7-2　民族文化东巴课（二）
（图片来源：泸沽湖达祖小学微信公众号，《2019 我们做的事》，图片引用已得到达祖小学王木良校长的许可）

物的影响，观察苗的成长，进行种子发芽实验；5—6 月份，进行对有香气的植物、核桃的生长、小型生态池中蝌蚪的生长过程等的观察活动，同时举办夜观农场活动；9—11 月份，带领学生们到秋天的农场认识山路上的秋花秋果，了解一颗种子的旅行以及在手工课上利用秋天的颜色进行手工创作。另外，学校还会举办外教活动，请外部的诸如成都或台湾地区的专家为孩子们上儿童环境教育课程以及用五感体验当地的自然活动（图 6-8）。

自然教育

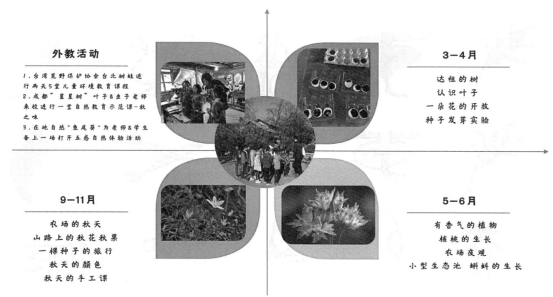

图 6-8-1　自然教育课（一）
（图片来源：泸沽湖达祖小学微信公众号，《2019 我们做的事》，图片引用已得到达祖小学王木良校长的许可）

自然教育——春耕

分辨土壤不同　　　　　观察水对植物的影响　　　　观察温度对植物的影响

观察苗的成长　　　　　我也是小草　　　　　观察大一点的苗

图 6-8-2　自然教育课（二）
（图片来源：泸沽湖达祖小学微信公众号，《2019 我们做的事》，图片引用已得到达祖小学王木良校长的许可）

C. 每周五半天活动课

学校还在每周五下午安排了半天的有关当地的地域、自然文化的活动课，其中的部分内容也是对民族文化东巴课、自然教育课内容的补充和延伸。授课老师主要由当地的东巴老师来担任。课程是由支教教师和当地教师共同设计完成的，他们根据每个年级孩子的年龄特点的不同，设计了不同的学习内容，并把包括东巴办公室、班级教室、民艺传习馆的室内空间以及达祖村及周边地区的室外空间当作上课地点（图 6-9，表 6-1）。

六年级　自然农场
大自然是孩子最好的老师，能够教会孩子很多知识。在生态自然体系下，在劳动中接受教育，了解自然与生态环境

五年级　信息技术
打字练习、画图、WPS基础学习、QQ的运用、浏览器的使用

四年级　木工手作坊
培养学生的专注力和动手实践能力，成为一个富有创造力的未来人

一年级　阅读戏剧与绘本
将阅读与多动、多思考的活动结合在一起，通过戏剧及户外探索更深入了解当地

二年级　体育运动
学习跑步相关知识，掌握跑步的方法及安全措施

三年级　地域文化
做一个"懂达祖、护达祖、爱达祖"的家乡人，在地扎根，播种开花

图 6-9　每周五半天活动课
（图片来源：泸沽湖达祖小学微信公众号，《2019 我们做的事》，图片引用已得到达祖小学王木良校长的许可）

表 6-1 达祖小学 2019 年春季学期周五活动计划

周别	日期	周五	活动内容	活动负责人	摄影
第 1 周	2/25—3/3	3/1	教室内板报布置	各班主任	
第 2 周	3/7—3/10	3/8	家长会	各班主任	A 先生
		3/9	盐源发助学款	A 老师	A 先生
第 3 周	3/11—3/17	3/15	修复昆虫屋、班级菜地	B 老师	A 先生
		3/16	植树和环保活动	C 老师 /D 老师	A 先生
第 4 周	3/18—3/24	3/22	放风筝	E 老师 /F 老师	A 先生
第 5 周	3/25—3/31	3/29	摘野菜	G 老师	A 先生
第 6 周	4/1—4/7	4/5	马队环湖绕山	校长 /H 老师	A 先生
第 7 周	4/8—4/14	4/12	桂馨科学活动	I 老师 /J 老师	A 先生
第 8 周	4/15—4/21	4/19	画达祖山图（一）	东巴	A 先生
第 9 周	4/22—4/28	4/26	画达祖山图（二）	东巴	A 先生
第 10 周	4/29—5/5	5/3	阅读	K 老师	A 先生
第 11 周	5/6—5/12	5/10	期中考或写字活动	校长	A 先生
第 12 周	5/13—5/19	5/17	趣味数学	数学老师	A 先生
第 13 周	5/20—5/26	5/24	英语话剧	K 老师	A 先生
第 14 周	5/27—6/2	5/31	包粽子	L 老师	A 先生
第 15 周	6/3—6/9	6/7	端午贝母基地露营	C 老师 /M 老师	A 先生
第 16 周	6/10—6/16	6/14	安全演练	J 老师	A 先生
第 17 周	6/17—6/23	6/21	自然科学活动	B 老师	A 先生
第 18 周	3/24—6/30	6/28			
第 19 周	7/1—7/7	7/5	复习		
第 20 周	7/8—7/14	7/12	期末考试		
	7/14		毕业典礼		A 先生
每周六日早上 7:00 四、五、六年级集合跑步					
每周六或周日半天自然教育课					
每学期各班教师必须组织举办一次班级联谊活动					
* 有关博文：所需的活动配图，请自行找人拍摄，提交时间为活动结束 7 天内					

　　一年级主要是阅读戏剧与绘本，教师们的课程设计思路是将阅读与多动、多思考的活动结合在一起，通过戏剧及户外探索让学生更深入地了解当地的文化。课上学生不仅会根据选题进行戏剧表演创作，而且还会在教师的带领下在森林农场观察当地的各种植物、昆虫、鸟类，了解与调查植物的生长特点和动物的生活习性，记录自然笔记并学习制作植物标本（图 6-10）。

　　二年级主要是进行体育运动，课上孩子们学习跑步的相关知识、掌握跑步的方法及安全措施。

　　三年级是地域文化课，课程内容变得更加丰富，每周五的具有连续性的课程设计由浅入深，寓教于乐，用体验式和项目式的教学方法，多元化地让孩子们对当地的山、水、树文化和历史等有所认识。教师们通过一整学年的主题教学，将"地域文化"主题进行延伸和深入，旨在让孩子们了解家乡地理、历史、人文各方面内容，从正确认知到情感变化，发自内心理解爱护自己的家乡，做一个"知达祖、懂达祖、爱达祖、护达祖"的家乡人，进而能够在地扎根，播种开花。课程设计大纲主要分成打开认知、自然探索、人文探索、东巴文的学习、民族手工——文创产品的衍生、我是达祖小导游、游学研学活动——调研小分队和校园民艺传习馆设计。详细的课程内容请参考表 6-2 及图 6-11。

一年级
戏剧与绘本

对象：比较小及好动的孩子，课程设计：将阅读与多动、多思考的活动结合在一起，最终我们就选择了戏剧及户外探索。

从五感去认识风
然后再和风一起玩

戏剧与绘本

野兽国

先了解鸟的构造及外表

观察海鸥

图6-10　一年级的戏剧与绘本

（图片来源：泸沽湖达祖小学微信公众号，《2019 我们做的事》《2018 我们做了这些事》，图片引用已得到达祖小学王木良校长的许可）

表6-2　三年级的每周五半天活动课

	课程题目	课程具体内容
第一部分	打开认知	包括对当地的地理、人文、历史基础知识的学习。孩子们在课上需要绘制当地地形图，并使用陶泥模拟泸沽湖地区立体地形，认识达祖村的环境。
第二部分	自然探索	包括对山文化、水文化和树文化的探索学习。山文化的主题是"一颗石头看大山"的故事，孩子们走进当地大山，观察岩石，寻找各种奇异的石头，请东巴老师鉴赏，进行各种新颖的化石创意，然后开展捐赠化石活动，使之用于博物馆的布展。水文化的主题是"一滴水的旅行"，孩子们通过去森林里循着水流寻找水源地，观测水质，听东巴老师讲民间传说和泸沽湖的由来，用东巴文创作水洞的《泸沽湖一滴水的旅行》绘本故事，学习大自然水循环知识。树文化的主题是"一棵树的成长到祖母屋"，孩子们课上学习东巴文中各种树的文字，并在听完东巴老师讲述当地树的故事以及由其延伸出的对松木搭建的祖母屋建筑屋内、屋外、结构等特色的介绍后，进行现场手绘并制作课堂笔记；之后会开展对村里传统祖母屋的实地走访活动，走进当地祖母屋，边认边学；最后孩子们还会一起亲自动手搭建祖母屋

续表

	课程题目	课程具体内容
第三部分	人文探索	包括衣食住行生活调研（服饰、食物、建筑、通道），摩梭博物馆参观，纳西舞蹈，纳西音乐，艺术，骑马划船和射箭的狩猎文化等
第四部分	历史探索	有古迹游——徒步茶马古道，历史人物故事会，历史绘本创作，舞台戏剧表演——历史重现等
第五部分	东巴文的学习	包含识字、造字以及东巴文书法（文字、书写、布局、练习）
第六部分	民族手工——文创产品的衍生	手工织布、绘制树皮画、手工制作东巴纸、泥塑、东巴画、木雕、搭建祖母屋、制作猪槽船、东巴字延伸、东巴石头和木头画等
第七部分	我是达祖小导游	旨在让孩子们在完成绘制当地地形图的基础上，成立达祖村的导游讲解团，向外界介绍家乡，其主要内容有讲解员基础知识学习、地域文化知识的梳理及视觉呈现、达祖新芽小学讲解和实战讲解等
第八部分	游学研学活动——调研小分队	组织孩子外出游学，感受区域文化差异
第九部分	校园民艺传习馆设计	让学生一起进行展品筹备、空间设计与布展、展览讲解的活动

＊此表中的内容由达祖小学游静芬老师提供

图 6-11　三年级地域文化课

（图片来源：泸沽湖达祖小学微信公众号，《2019 我们做的事》《2018 我们做了这些事》，图片引用已得到达祖小学王木良校长的许可）

　　四年级的课程是木工手作坊。课上，教师让学生观察日常生活中的木工制品，思考其制作方法，维修出现故障的木制品。例如学习如何亲手将风倒树变成有用的物品，在教师的带领下一起为校园里的阅读角——阅读亭设计并制作书架；根据当地的昆虫的不同习性，采用当地的自然材料亲手设计并制作昆虫栖息、繁殖、越冬的昆虫屋（又叫"昆虫旅馆"）等（图 6-12）。

图 6-12　四年级的木工手作坊（设计制作书架和昆虫屋）
（图片来源：泸沽湖达祖小学微信公众号，《2019 我们做的事》《2018 我们做了这些事》，图片引用已得到达祖小学王木良校长的许可）

五年级的课程是信息技术，课上学生主要学习电脑打字、画图，进行常用办公软件的基础学习，学习各种软件的运用和浏览器的使用。

六年级的课程是自然农场，秉承着"农场是学生学习植物、动物、季节、气候、环境与生态等相关知识的最佳场所"这一原则，教师教授学生有机种植的方法，并让学生与家长实际参与友善环境的可持续农耕方式，通过亲手播种、亲手收成、亲手包装来学习、认识种植与销售（图 6-13）。

D. 兴趣活动课

在每个周末学校还安排了半天的兴趣活动课。现阶段该课程主要包括"达祖出版社"和民族体育这两部分内容。

图 6-13 六年级的自然农场

（图片来源：泸沽湖达祖小学微信公众号，《2019 我们做的事》《2018 我们做了这些事》，图片引用已得到达祖小学王木良校长的许可）

　　2019 年 5 月，为了通过创造有趣的阅读空间让全村的孩子和村民爱上阅读，并让孩子进行职业体验，学校的图书馆馆长兼教师发起了模拟制作内部期刊和校内新闻采编的"达祖出版社"这一兴趣活动。此活动以模拟公司组织机构并采取职位投票选举的形式运营。学生们在得到社长、副社长、秘书、编辑、画家、记者和摄影师等职位后就进入到校刊制作和主题专栏报道采编等具体工作当中。他们通过议题讨论、采访、摄影、亲手制作等，创作了包括校园趣事、摄影分享、记者专访、校园八卦、故事大王、英语角、连环画、校园排行榜等内容的校刊《达祖周报》。而在定期进行的主题专栏报道中，学生们还通过走访当地农家、当地摩梭博物馆以及采访教师、往届毕业生和村民等方式完成了农事专访报道、摩梭博物馆专访活动和校园历史专访活动。12 月，"达祖出版社"还开启了对家乡旅游业的探索，基于孩子们对家乡的推荐，致力于出版一套收录了在当地旅游的心得的杂志（图 6-14）。

达祖出版社

"达祖出版社"成立于 2019 年 5 月 5 日，由发起人达祖小学图书馆馆长张老师和山林创办，启动资金 3.5 元（用于制作招募海报），目前出版的读物有《达祖周报》《我们的小学》。

我们的理想是创造美好有趣（接地气及有人气）的阅读空间，让我们村的小屁孩、村霸、村花、山大王等全村人员爱上阅读！

图 6-14-1 "达祖出版社"活动（一）

（图片来源：泸沽湖达祖小学微信公众号，《2019 我们做的事》，图片引用已得到达祖小学王木良校长的许可）

"达祖出版社"——《达祖周报》采风

校园趣事、摄影分享、记者专访、故事大王、
连环画、校园排行榜

讨论议题

摄影师拍摄

制作报刊

副社长审稿

创刊号问世

"达祖出版社"—— 农事专访

土豆大丰收

10月的达祖村，
田地里一派热闹
景象，忙碌的丰
收开启了，趁热
打铁，我们出版
社抓紧开展了一
期农事专访活动，
走进农家、走进
田野，一起感受
土豆大丰收……

走访当地农家，进行采访记录

"达祖出版社"—— 校史采访报道

身为达祖小学的孩子，怎么能不知道学校的渊源呢？这一次，"达祖出版社"
重磅出击，专访达祖新芽小学重量级人物：创建人之一游老师、东巴老师、校长、
往届毕业生、校园邻居……为大家讲述达祖小学精彩的创办故事。

"达祖出版社"——摩梭博物馆主题报道

图 6-14-2 "达祖出版社"活动（二）
（图片来源：泸沽湖达祖小学微信公众号，《2019 我们做的事》，图片引用已得到达祖小学王木良校长的许可）

民族体育课程是把民族文化融入体育课程当中，让学生们在学习民族传统活动的同时强健体魄，比如学习骑马、骑马环湖、与马交流，还有划船、射箭、攀爬、徒步和舞蹈等活动（图 6-15、表 6-3、表 6-4）。

**民族体育——
跟马说话、学骑马**

民族体育——学骑马

图 6-15-1 民族体育课程（一）
（图片来源：泸沽湖达祖小学微信公众号，《2019 我们做的事》，图片引用已得到达祖小学王木良校长的许可）

民族体育——骑马环湖两天

民族体育——划船、射箭

图 6-15-2　民族体育课程（二）
（图片来源：泸沽湖达祖小学微信公众号，《2019 我们做的事》，图片引用已得到达祖小学王木良校长的许可）

表 6-3　2018 年达祖小学的主要事件与活动时间表

时间		活动	具体内容
1 月	1/19	图书捐赠活动	某慈善助学组织赠送 373 本图书； 北京某组织捐赠 81 套图书，共 1005 本
3 月	3/4	开学	4 日春季学期开学报名，5 日正式上课，这学期本地教师 9 位、支教教师 4 位、学生 79 名
	3/10	植树节活动	发动学生及家长在农场亲子合种 125 棵核桃树、梅树树苗
		制作昆虫屋	根据昆虫的不同习性，最大程度地采用自然材料制作供昆虫栖息、繁殖、越冬的人造场所，意义在于引导人们关注生态平衡，参与环境保护
4 月	4/5—7	野外活动	五、六年级分成三组进行三天两夜的野外活动
	4/20	有机种植课	全校同学下午三、四节课干农活。在校园内，学前班种植豆苗，一年级种薄荷和小葱，二年级种香菜，三年级种迷迭香，四、五、六年级去农场播种育苗
5 月		拍摄《当一天中国人》节目	国务院新闻办公室的"体验中国项目"来校拍摄，节目名称为《当一天中国人》
6 月	6/1	欢庆儿童节	六一儿童节到泸沽湖中心校一起欢度儿童节，达祖村小朋友表演了 3 个节目
7 月	7/7	小升初成绩公布	小升初成绩 7 日公布，近年语文的课外题比重大，学生成绩普遍不理想，使得 6 个乡镇录取率只达 11%（2017 年 25%），达祖小学 2018 年 10 名毕业生中有 6 名达录取标准，录取率是 60%（2017 年 33%）
	7/26	夏日营队	外部的孩子和家长来到达祖村参加夏日营队，体验达祖文化
8 月	8/1—8/6	教学培训和交流	北京某中学的教师们来到达祖小学进行教学培训和交流
	8/17—8/24	参加教学培训	达祖小学教师们参加成都"灯塔计划"接受教学培训
9 月	9/2	秋季学期开学	秋季学期开学发书本，3 日正式上课，学生 79 名
	9/8—9/9	教职员接受培训	外部教师团队一行 4 人来为达祖小学教职员培训"图像记录"课程
		大山里的自然课	"大山里的自然课"开课，自然观察与记录
10 月	10/19	制作书架和阅读小树屋	周五活动由低年级学生彩绘自己教室的书架，高年级学生跟着教师一起当起小木工做阅读小树屋
12 月	12/21—25	参加上海的艺术之旅	某艺术空间组织出资邀请 6 位喜欢绘画的学生，由 2 位教师领队，到上海参加"仲冬夜之梦"艺术之旅
	12/23—1/5	达祖小学"山中有少年"展览	在上海某美术馆展出有关达祖小学的"山中有少年"的主题展览，并举行亲子工作坊——大自然的手工课

表 6-4　2019 年达祖小学的主要事件与活动时间表

时间		活动	具体内容
2 月	2/14	参加纳西自然村祭天活动	参加村里的纳西族传统祭祀活动——祭天仪式
	2/21—24	军训	四、五、六年级在农场进行四天三夜军训培训
	2/21—24	充实学生游戏设施	本地教师亲手为学生制作秋千、爬网、滑梯和沙坑
	2/16—24	整理图书馆	原有的图书馆格局略作调整,希望孩子们更喜欢图书馆
	2/25	开学	学生 77 位,本地教师 10 位,支教教师 5 位
	2/26—30	结对走访	5 天时间,走访 40 多个乡镇的 190 多个家庭
3-4 月	3/10	植树节	农场栽植金银花;下午捡拾村里的垃圾共 679 斤
	3/15	班级菜地	每班各自整理自己的菜地
	3/22、3/29	放风筝,摘野菜	教师带着孩子们到山顶放飞自己做的风筝;春分过后野菜正是量多又好吃的时候,让孩子们把自然跟生活连接
	4/5	骑马绕山环湖	上完骑马课程,清明节假期带五、六年级骑马绕山环湖两天
		艺术教育	"来自大山"项目,邀请 14 名学校艺术教师来达祖小学进行"华德福艺术教育"的培训
		土地的故事	东巴教师给学生讲达祖村地名及故事,并让孩子画下心中的故乡,最后将完成长卷高山湖水画,留存于图书馆
4-6 月	4/12—16	科学示范课	援助达祖小学的某基金会邀请某小学校长来达祖小学进行一堂科学示范课
	4/18—21	参加上海市集	参加上海的市集,展销达祖农产品和文创商品
	4/27—29	馨火访学培训	达祖小学两位教师参加桂馨基金会"馨火访学",学习阅读推广
	5/8	寻找多彩的春天	带孩子们进行野外踏青、写生活动
	5/11—19	校长培训	王木良校长参加马云基金会培训,并申请参观凤凰小学,近距离学习他校校长的教学和管理经验
	5/18—24	校长跟岗活动	"杭州市第 30 期小学校长任职资格班跟岗研修活动"来到达祖小学访学
	6/17	小升初考试	达祖小学毕业班语文、数学平均分都取得片区第一名。杨某某同学高分取得片区第二的成绩
6-9 月	6/20	"达祖出版社"	自愿报名参加,在教师带领下每周半天的活动,完成《达祖周报》
	6/22—6/27	达祖农场项目——夏日亲子营队	面向城市的学生和家长的夏日亲子营队,深度探索森林农场
	6/25—7/5	毕业生夏令营	组织达祖、长柏、前所的六年级毕业生进行夏令营活动
	7/5—7/10	达祖农场项目——夏日亲子营队	面向城市的学生和家长的夏日亲子营队,深度探索森林农场
	7/9	机器人课程	南京某机器人工厂来做示范课,并赠送课程和教材教具,长期指导达祖小学该课程教学
	7/9	校际交流	浙江丽水某县教育专家委员会来校教授学生竹笛;某校校长向达祖小学教师讲授办学理念
	9/1	儿童环境教育	某保护协会的教师来校进行为期两天的 5 堂儿童环境教育课程,在课堂上让孩子认识地球环境因人为破坏造成的影响
	9/9	99 公益日	在某公益平台,为持续办学进行公开筹款
	9/20	自然教育示范课	成都某组织的教师来校进行自然教育示范课——秋之味,孩子们非常喜欢,注意力也能集中
11-12 月	11/20—25	结对助学走访	6 天的助学走访,一共走访了 58 个乡镇的 245 户人家
	12/27	家乡旅游杂志	"达祖出版社"开启了对家乡旅游业的探索,致力于出版一套收录了在当地旅游的心得的杂志——来自孩子们对家乡的推荐

2）达祖小学森林农场

近年来，在学生、家长、教师、村民和外部志愿者的努力下，农场不仅生产出了更多的有机农作物，还种植了大片玫瑰花和薰衣草（图 6-16）；学校通过多次参加义卖会或城里举办的市集活动帮助当地村民销售农产品（图 6-17）；同时利用农场的丰富资源，学校还定期组织学生在农场进行各种各样的诸如跳绳比赛、射箭、爬树、骑马、山中寻宝、野餐等农场游戏户外活动（图 6-18）。2019 年森林农场全年的具体活动及其时间请参照表 6-5。

图 6-16　学生、家长、教师和志愿者一起种植玫瑰花与薰衣草
（图片来源：泸沽湖达祖小学微信公众号，《2019 我们做的事》，图片引用已得到达祖小学王木良校长的许可）

图 6-17　达祖农场农产品

图 6-18　学生的农场游戏户外活动

（图片来源：泸沽湖达祖小学微信公众号，《2019 我们做的事》，图片引用已得到达祖小学王木良校长的许可）

表 6-5　2019 年森林农场全年具体活动及其时间

1—2 月	3 月	4 月	5 月
为深圳某旅行团开东巴文化课，并介绍达祖小学及达祖农场	22 日台湾某农场的教师来达祖村指导农场有机种植及运营；上海理工大学开始为达祖农场农产品做营销；试种新品种金银花	18—21 日，在上海参加某集市，展会开始前，长期援助达祖小学的上海慈善团体帮忙分装核桃仁；26—30 日，达祖小学的教师们参加"滋养人滋养大地"第三次课程；制作堆肥	12—13 日昆明某协会安排参观玫瑰庄园
6 月	7 月	8 月	9 月
将昆明某组织培育的 6000 棵薰衣草苗下地，请了家长来帮忙，共种了 3 天才完成；2018 年买回的马产下了一匹小白驹	暑期营队：A 团团员 15 人，B 团团员 30 人，C 团团员 9 人及 5 位达祖公益资助的孤儿，D 团团员 17 人，E 团团员 10 人；新进一位农场专职工作人员	8/11~8/16 自招营队；台湾某大学某团队 8/18~8/25 彩绘农场；采收花椒	做了简单的薰衣草区围篱设施；苹果种植区预先种猪草养地；来自大理和昆明的两位教师来校指导教师们制作手工皂
10 月	11 月	12 月	
9/28~10/3 参加上海某市集，由两位达祖小学的教师负责展销；10/4~10/6 在上海参加"简单生活节"；国庆期间接待广东某个营队研学活动；采收核桃、土豆、黄豆和花豆	在农场安装 2 部监控器，用来监控门口进出人车和薰衣草区；在烧烤区山坡上种植 1 亩千叶玫瑰，树苗由昆明某协会捐赠	进入寒冬，进行给核桃树大量浇水、玫瑰区保水、为薰衣草区防霜抗旱盖上黑网以及 4 匹马的照管等日常工作	

表中文字内容参考了泸沽湖达祖小学的微信公众号里《2019 我们做的事》一文中的内容；
图片也来源于同一篇文章（图片引用已得到达祖小学王木良校长的许可）

　　另外，这两年学校还组织起了达祖小学森林农场研学活动。这是基于前几年学校与村民联合开展的达祖体验深度旅游项目与纳西族乡村文创活动的经验延展而来的，是主要面向外部游客（家长和孩子）的一项亲子活动。森林农场研学活动通过组织达祖研学营、搓班马帮研习营、制弓做箭研习营、纳西文化调研营、民族建筑实做营和客制化研习营这 6 个研学营，让客人们进行家访体验、文化体验、自然体验和农事体验。具体活动有：马车迎宾、走进部落、手工织布、自然探索、照顾动物、射箭和制作弓箭等（图 6-19、图 6-20）。

图 6-19 达祖小学森林农场研学营

图 6-20 达祖小学森林农场研学活动现场照片
（图片来源：泸沽湖达祖小学微信公众号，《2019 我们做的事》，图片引用已得到达祖小学王木良校长的许可）

3）结对助学

结对助学是达祖公益从创建以来就一直坚持在做的项目之一，旨在为因经济因素影响不能上学的山区学生找到资助人，一直结对帮助其到大学毕业。每年结对助学的活动都包括：面对面了解申请助学的学生、到申请助学的学生家进行家访、上传困难学生资料到网上寻找资助人、发放助学款、上传已发款的学生资料到网上以及通知学生中考、高考成绩和联络就读学校（图 6-21）。从 2017 年开始，结对助学的学生数和金额都得到了大幅提升，光 2019 年这一年内，通过该项目获得资助的学生达 1205 人，金额达 142 万元（图 6-22）。其中受助的学生包括小学、初中、高中和大学的学生（图 6-23）。

图 6-21　2019 年全年结对助学活动安排时间表
（图片来源：泸沽湖达祖小学微信公众号，《2019 我们做的事》，图片引用已得到达祖小学王木良校长的许可）

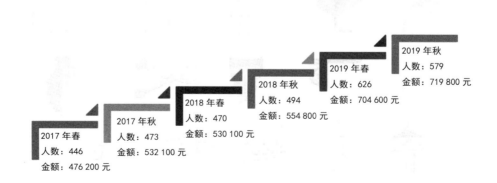

图 6-22　2017—2019 年资助学生数和金额
（图片来源：泸沽湖达祖小学微信公众号，《2019 我们做的事》，图片引用已得到达祖小学王木良校长的许可）

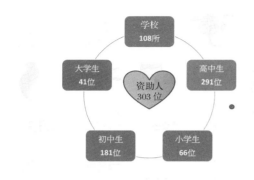

图 6-23　2019 年秋季学期受助学生组成
（图片来源：泸沽湖达祖小学微信公众号，《2019 我们做的事》，
图片引用已得到达祖小学王木良校长的许可）

图 6-24　筹集捐助物资，帮助其他学校粉刷墙面、布建水管
（图片来源：泸沽湖达祖小学微信公众号，《2018 我们做的这些事》，
图片引用已得到达祖小学王木良校长的许可）

4）儿童医疗救助

儿童医疗救助也是达祖公益一直坚持在做的项目。山区学生身患疾病因经济因素无法治疗时，达祖公益会安排学生到合适的医院治疗，并为其筹措医药费。该项目于 2017 年、2018 年、2019 年这三年共筹集到了约 28 万元，用于儿童治疗的费用约 21 万元。

5）学校物资

学校物资是达祖公益最近几年新办的公益项目，主要是为需要物资的其他山区学校，面向全社会进行协调募集活动。为了解决多所山区学校缺乏物资的问题，达祖小学利用自己的影响力和信誉度向社会各界包括个人和企业募集山区学校所需的书籍、日用品、文体用品、儿童冬季保暖衣物等物资。2019 年，达祖公益就捐赠了 7746 本书籍给 8 所学校（5758 位同学），募集了饮水机、儿童衣物用品、电子琴、牙膏和洗衣剂等共计 57.1 万元的物资。另外，学校还帮助山区学校筹集捐助资金、完成校舍的墙体粉刷工程，为缺水的学校完成布建水管的工程等（图 6-24）。

3. 资金

2016 年以来，学校的总财务收支已经进入一个良性的发展阶段。2017 年至 2019 年，学校的总收入显著增加，其中 2018 年和 2019 年的总收入均已超过总支出（图 6-25、图 6-26、图 6-27）。另外，虽然达祖公益行政部、达祖小学行政部的运营资金以及结对助学和儿童医疗救助这两个项目的资金仍然多来源于各个慈善组织与基金会的捐助、无数爱心人士和企业的捐赠以及公益平台的筹款，但是近两年来当地政府以及村民也渐渐加入了资助学校运营的队伍。自 2019 年起，当地教育局开始拨款补贴学校行政部的部分经费以及学生午餐费。这种来自当地政府的有力支持显然对这所民办学校今后的发展有着积极的促进作用。

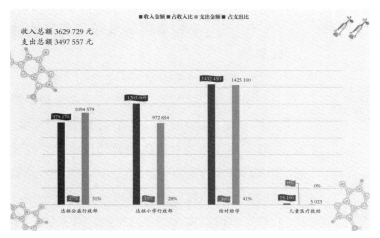

图 6-25　2019 年达祖公益收支总额

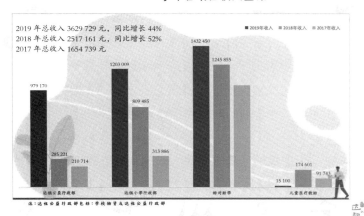

图 6-26　2017—2019 年各项目收入金额

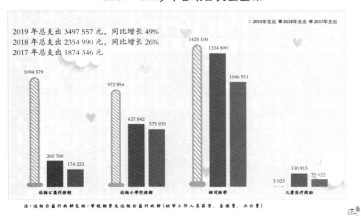

图 6-27　2017—2019 年各项目支出金额

（本页图片来源：泸沽湖达祖小学微信公众号，《2019 我们做的事》，图片引用已得到达祖小学王木良校长的许可）

另外，这两年当地村民也积极参与发展当地旅游业，自行建造和经营民宿，并把得到的利润按比例捐助给学校作为运营费用。由此，我们可知达祖村村民也发生了"从最初只是被动地接受外部的帮助，到主动地支持当地教育的发展"这样一个积极的转变。

有关学校支出方面，除了儿童医疗资助和结对助学，达祖公益行政部的支出主要包括：人员薪资、办公费、失依儿童活动费、固定资产费、学校物资捐赠费和预支款费用。达祖小学行政部的支出主要包括：学生活动费用、学生餐费、教职员伙食费、教职员薪资、学校的增建与修缮、学校用品和办公费（图6-27）。

通过销售农产品和文创商品以及举办研学营活动，达祖小学森林农场的收支在近几年也进入了一个良性状态，并于 2018 年达到了收支平衡状态。总收入也从 2017 年的 18 万元一跃变为 2019 年的近 80 万元，盈余 8 万余元，利润率达到了 11%。从图 6-28 可以看出占总收入比例最多的是农产品的销售，约 48 万元，占 61%；其次是研学活动，约 30 万元，占 38%；最后是一般行政，金额为 1 万元，占 1%。另外，占农场支出最多的是一般行政支出，约 31 万元，占 45%；其次是产品销售支出，约 26 万元，占 37%；最后是研学活动支出，约 13 万元，占 18%。这些年的农场运营的收支平衡和盈利的增加，为今后补贴学校的行政运营支出，使学校保持良性运转状态奠定了良好的基础。据志愿者团队的队员说，再过 3 年，农场的收入就可以大力支持学校的行政运营费用支出了，他们期望届时学校将不

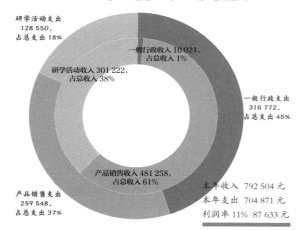

2019年达祖农场收支

研学活动支出
128 550，
占总支出 18%

一般行政收入 10 024，
占总收入 1%

研学活动收入 301 222，
占总收入 38%

一般行政支出
316 772，
占总支出 45%

产品销售收入 481 258，
占总收入 61%

产品销售支出
259 548，
占总支出 37%

本年收入 792 504 元
本年支出 704 871 元
利润率 11% 87 633 元

图 6-28 2019 达祖小学森林农场收支
（图片来源：泸沽湖达祖小学微信公众号，《2019 我们做的事》，图片引用已得到
达祖小学王木良校长的许可）

会再依赖外部的捐款，做到真正的自给自足。

6.1.5 学校取得的成效和带来的社会影响

1. 生源、师资力量方面

2004 年，学校刚复建时由于缺经费、缺学生、缺老师，学校只开设有学前班和一年级，并且因为当地没有优质的教师资源，支教老师成为教学的主力军。经过 15 年的努力和持续的办学，学校已经发展成一个完全小学，开设有学前班以及一至六年级，共有学生 74 人，其中有 21 位来自达祖村以外的村落，由此可知曾经辍学率很高的达祖村现在不仅小学入学率达到百分之百，而且还吸引了大量外村的学生前来就学。另外，支教老师虽然给封闭的山村带来外面新鲜的事物和思想，但考虑到其流动性太大这一问题会对学生的成长产生影响，学校始终专注于发展当地师资力量，对教师队伍做了一个"10+3"的规划，即 10 个左右的全职本地教师加上 3 个左右的支教老师。而支教老师教授的学科以在泸沽湖地区比较欠缺师资力量的英语、美术等为主。至 2020 年初，学校的本地老师为 9 人，支教教师为 5 人，本地教师的队伍趋于稳定。

2. 成绩方面

在学校创办之初，因为教师队伍的不稳定导致学生的成绩一直上不去，后来有了系统而完整的教师队伍，学生的成绩得到显著提高。自 2016 年以来，每年达祖小学所有班级的几乎所有学科的期末考试成绩都排在泸沽湖区的第一名。很多孩子甚至能够流利地使用英语与人交流。另外，近几年毕业生的小升初成绩也逐年提高，录取率呈成倍增长趋势。由此我们可以看出，真正实施与素质教育的宗旨相一致的乡土教育课程活动并没有耽误学生的正常学习，反而促进了他们的素质的全方面发展，对他们提高成绩也起到了很大的积极作用。

3. 获得社会肯定

通过外部的爱心支教团队、本地的教师、当地村民、外部的支教教师以及各界爱心人士的协力合作，达祖小学在近十年内还取得了多项奖项：

2012 年，达祖小学志愿者团队获得央视"最美乡村教师"称号，学校农场就是用获得的 20 万元奖金开办起来的。

2015 年 9 月，校长王木良成为第二届"桂馨·南怀瑾乡村教师计划"的获得者。

2017 年 7 月，校长王木良入选"马云乡村校长计划"，并于同年 10 月份前往美国学习先进的教育管理经验。

2016 年 9 月的教师节，在泸沽湖中心学区举行的表彰仪式上，因所有班级（每个年级只有一个班）学生考试成绩都拿到了泸沽湖区的第一名，所以达祖小学从一年级到六年级的每位教师都获得了嘉奖。

4. 公益活动方面

这 15 年来，达祖小学坚持利用自身的公益平台性质帮助其他山区的孩子就学。近几年，学校每学期支持将近 500 位贫困生顺利就学，并帮助他们完成小学、初中、高中或大学的学业。在儿童医疗救治方面，每年都会为患病儿童筹措医药费用，并安排他们到合适的医院进行治疗，使他们可以尽快重返校园。另外，学校利用自身的影响力和号召力为多所缺乏物资的山区学校募集到了大量的书籍、日用品、衣物等物资，而且还协助学校完善基础设施等工程建设。

5. 乡村振兴方面

在全校师生和村民的共同努力下，通过网店和微店，学校农场农产品的销售额得到了显著增长，这不仅贴补了学校的运营费用，而且还资助了学校联合村落共同寻求经济发展的项目。此外，教师们不仅会帮助村民包装和销售他们的农产品，而且还根据村民家各自的条件，帮助其制定面向外部游客的走进村民家中体验的文创项目、夏日亲子营、亲子工作坊等研学活动。另外，学校农场也为了配合本地旅游开发的需要，利用农场自身的丰富资源开创多样的生态旅游项目以吸引更多的游客。这种学校在乡村振兴发展当中积极发挥龙头带动作用并联合村落协力发展的模式不但让外界的人们更好地了解了达祖当地的文化特色，而且还为增加村民的收入、改善当地的生活条件、推动当地经济的发展做出了贡献。

另外，值得一提的是达祖公益在 2016 年春还成立了纳西族东巴文化图书馆筹备处，并且在当地政府的支持下于 2017 年正式着手筹建纳西族东巴文化图书馆。该图书馆致力于通过走访在世的老东巴，用视频、音频和图片的形式对古老的东巴文化进行全面地记录、保存和研究。

6. 获得社会关注，促进学校建设

近年来，学校还得到国内外多家媒体的持续关注：如某省卫视举办的明星支教拍摄活动、德国媒体的新闻报道以及国务院新闻办公室的《当一天中国人》拍摄活动等。这些媒体的关注在一定程度上使学校得到了更广泛的社会关注。随着知名度的提升，学校还获得了更多的慈善团体的资助从而使得基础建设得到更好的完善。2019 年，学校又在村民的帮助下完成了运动场建设、屋顶翻新、球场地面施工、消防设施增设和电线管路更新等工程（表 6-6）。

表 6-6　达祖小学 2019 年工程

工程项目	资助方	捐款资金	具体内容
运动场建设	个人	21 万	建设运动场和周边驳坎
屋顶翻新	某基金会	约 4.5 万	将老旧漏雨的屋顶翻新重做
球场地面施工	个人	约 4 万	球场地面增加塑胶地面，有止滑及排水效果
消防设施增设	某基金会	约 2.3 万	新设 6 个消防栓及紧急用水工程
电线管路更新	个人	约 2 万	早期电线都是铅芯的，2018 年多次起火，所幸及时发现，现已完成电线更新工程

7. 对各类人群的影响

1）当地村民

近十几年来，学校在谋求自身发展的同时还积极地协助村落开展了诸如扫盲班、东巴文化周末学习班等成人教育项目，帮扶村民包装展销农产品，利用农场开设的生态旅游项目吸引更多外部游客，帮助村民开创走进村民家的文创项目等活动。这些项目活动不仅增强了当地村民对本族文化的自豪感，还提高了他们自力更生、脱贫致富的意识，从而使他们不再被动地只是一味接受外部援助，而是主动积极地投入与当地旅游业相关的创业项目中，为改善自身的生活条件、改善本地的经济状况做贡献。另外，我们甚至还看到近两年来有的村民在创业经营民宿时还决定每达成一笔交易就把所得金额的一部分捐给达祖小学作为其运营经费。由此可知，达祖小学发挥龙头作用积极推动达祖村本地的经济发展，不仅调动了村民创业致富的积极性，而且还培养了村民的公益精神，使其在受益后反过来再回馈达祖小学。而正是这种良性循环促使学校和村落可以共同地不断向着积极的方向发展。

另外，这些年来村民常常积极响应学校的号召，主动地参与学校的各项建设工作。这就使得村民之间的关系变得比以前更加紧密和团结。此外，平日里村民不仅会自发地协助学校开展各项教育和交流合作活动，而且还会积极主动地参与和组织村会议的召开，为本村的未来发展出谋划策。可见，达祖小学已然成为村落和学校以及村民之间团结的纽带。

2）学生和教师

随着泸沽湖周边旅游开发的深入推进，当地的经济条件好转，这为"人才回归"奠定了基础。据调查得知，现在的 9 名当地教师全部是达祖小学的毕业生，他们毕业后出去读书，之后又主动回到家乡成为教师以回报当地的培养，反哺当地的教育。因此我们可以看到达祖小学不仅让当地的孩子免费接受基础教育，还为当地的村民提供了新的出路、新的工作机会。比起在外打工，回到家乡，反哺当地的教育事业可以更好地为家乡的发展做出贡献。

3）外部志愿者和捐助者

从达祖小学复校到现在，来学校支教的人次已经累计达到约 800 人次。这些外部的志愿者表示，不仅他们改变了达祖小学，达祖小学也影响了他们。根据对一位现在任职于上海一家 NGO 的原达祖小学志愿者的采访得知，在支教前曾是一名记者的她在离开达祖小学后就选择改行参与公益事业。同时她还透露，和她同批进驻达祖小学的 6 名志愿者，有 3 名在支教结束后都改了行，全职从事公益事业。无数个志愿者赋予了达祖小学公益性质，而达祖小学的发展带来的明显成效又反过来坚定了大批志愿者继续全身心地投入公益事业的决心。

另外，对于资助达祖小学的捐助者，特别是对长期资助达祖小学的公益团体来说，达祖小学的各方面的成长增强了他们继续开展公益事业的信心。在学校运营的初级阶段，长期捐助者主要资助学校的行政经费好让学校运营者没有后顾之忧，同时也资助当地教师的学习进修，并会在运营发展方面提出一些意见。之后随着学校越办越好，捐助者不再参与学校的运营工作，而只是协助学校把资助辐射到更广范围，资助结对助学、支持走访贫困家庭的经费、帮助公布认领捐助信息、设立奖学金等等。此外，他们还帮助学校参加城市的义卖会以及农产品的售卖活动，负责宣传，寻找对接资源和所需的人脉，协助产品包装，提供销售场地。现阶段，达祖小学取得的成效使得长期捐助者为其感到自豪，用长期捐助者自己的话来说是"与有荣焉"。因此，这个公益团体之后又对其他更多的组织进行了捐助，扩大了他们的资助范围。

6.2　茶园小学

茶园小学的所在地茶园村，位于甘肃省文县中庙镇的渭沟。因这里山峦叠嶂，气候温和湿润，终年云雾缭绕，故有"陇上江南"之称。从主要公路进入茶园村所在的山沟，需要步行一个小时。道路不仅狭窄，而且经常被山洪冲毁或淹没，交通不便成为这里经济发展比较滞后的主要原因，但也因此这里较好地保留了淳朴的民风和传统的社会关系与生活方式。这里大多数村民的祖先从四川迁徙而来，因此他们的生活习惯、风俗方言和饮食都更加接近四川。凭借气候适宜的先天条件种植茶叶成为这里主要的经济来源之一，但由于没有其他可以增加收入的产业或营生，采茶期以外的时间里，80% 的中青年会外出打工，留在村里的多为老人和孩子，其人口比例约为 2∶1。从具体数据来看，在 2020 年的 464 人的村总人口中，60 岁以上的有 110 人，18 岁以下约有 70 人。由于当地村民大多精于木匠活以及竹编工艺，甚至有不少是专业木匠，因此村民习惯利用木工和砌石等技术自建传统的穿斗式木结构房屋或砖混房屋。由沿着奔腾的溪流散落分布在山谷的几个自然聚落构成的茶园村，虽然经济不算发达，但拥有丰富的水资源和自然生态资源。这里山上植被茂盛，竹木成林，生物多样，有金丝猴、野猪、山羊、熊甚至野生熊猫出没，出产野蜂蜜、野生水果（樱桃和枇杷等）以及多达 30 多种的天然药材，有着发展生态产业的巨大潜力（图 6-29）。

图 6-29　茶园村
（图片来源：许义兴）

茶园小学是包含茶园村以及与其相邻的木家坝村的渭沟地区的唯一一所小学。"5·12"汶川地震发生后，重建于 2010 年的茶园小学在最开始只有 9 位学生、1 位教师。经过 10 年的持续办学，如今茶园小学设有幼儿班以及一到六年级，共有学生 18 人、教师 6 人，其中本地教师 4 人、支教老师 2 人。全村小学学龄儿童入学率为百分之百。

和达祖小学一样，茶园小学校舍的重建同样也是在外部的慈善爱心人士、专家以及当地的村民的共同协作下完成的。而在之后的学校运营当中，这几批人也起到了关键作用。外部的慈善团队负责解决学校的办学经费，帮助救治村民和孩子，还会资助困难家庭学生，寻找外部专家和资源，计划与村落联合开展合作社项目，义卖茶叶以资助学校的运营。笔者将学校这 10 年来的运营过程大致分为了慈善团队领导下的学校运营、多方协作下的持续运营这两个阶段。接下来笔者将主要对在慈善团体、专家和当地居民协力下的灾后学校重建，学校两个阶段的运营状况以及学校取得的成效和带来的社会影响进行详细的论述与分析。

6.2.1　在慈善团体、专家和当地居民协力下的灾后学校重建

2008 年，在中庙镇规模仅次于镇中心小学的茶园小学，于汶川地震中校舍全部倒塌，幸存的学生和教师被分流到距茶园村 20 千米的碧口小学或者 8 千米外的中庙小学。由于学生年龄小、学校距离远，学生需要在乡上或镇上租房由家长陪护读书，不仅费钱且占用劳动力，很多学生还需要走山路步行上下学。因此，上学不仅成为学生而且成为每个家庭的沉重负担。重建茶园小学，成为村民急切的愿望。此时，一群来自北京、上海的爱心人士在去四川赈灾时了解到茶园村孩子上学难的这件事后，做出了协助村民重建校园的决定。他们通过自掏腰包以及向社会其他爱心人士募捐的方式筹集到了建设资金，并通过参加北京举行的震后重建一周年的公益项目交流会，寻找到了适合的建筑设计师。就这样一个集结了捐资人和专业建筑师的学校重建志愿者团队就此形成。2009 年 9 月设计完成后，学校进入施工阶段，由于当地交通不便等各种因素，无法请外部的施工队，志愿者团队和他们组织成立的由村民代表组成的管理小组商议决定，发动村民出义务工，把专业活计包给村里的木匠、泥瓦匠、电工、油漆工和小工，从而让村民也得到收益。在整个建设过程中，管理小组和捐资人共同做出重大决策，组织施工和管理账目，建筑师、当地工匠以及村民共同参与施工建设工作。终于在 2010 年 9 月，学校主体建筑完成并投入使用（图 6-30）。

图 6-30　茶园村的村民协助一起建设小学
（图片来源：许义兴）

重建的校舍包含 5 间教室、1 个教师办公室、3 间教师宿舍、1 间浴室、1 间厨房、1 个卫生间、供教师和村民喝茶聊天的茶亭以及露天剧场。这些设施都围绕一个中庭展开布置。为了加强抗震性能，茶园小学的结构采用中国古建筑学中的卯结构，以木材为主要建筑材料。立柱、横梁、顺檩等主要构件之间的结点以榫卯相吻合，构成富有弹性的框架以互相支撑，不但可以承受较大的荷载，而且允许产生一定的变形，在地震荷载下通过变形抵消地震能量，减小结构的地震响应。另外，为了给茶园村提供一所既节能又安全的环保型学校，墙体间的填充物还采用了草砖（图 6-31）。

6.2.2　慈善团队领导下的学校运营

在校园完成重建后，来自外部的志愿者团队并没有结束他们的援助活动，不仅继续支持着学校的日常运营与后续建设活动，而且还扩大援助范围，继续协助茶园地区的建设和发展。

图 6-31　茶园小学建筑
（图片来源：许义兴）

学校建成后，志愿者团队主要从资金和政策这两个方面支持着学校的运营工作。学校运营费用主要包括以下几方面：①为学生和教师购买教辅用书、课外读物、学习用品、办公用品、电教设备，补充学校损耗的教学、体育器材；②孩子们每天课间的鸡蛋、牛奶（现在国家划拨了专项资金）；③学生、教师每天中午的营养午餐；④学校的电费、网费、建筑维护费用；⑤志愿者教师每个月的伙食补助；⑥志愿者教师每个月的工资等。学校每年的运营经费除了小部分来自志愿者的捐款及国家按学生人数拨付的款项，大部分来自援建团队开发的"自我造血"机制——茶叶义卖。因为当地村民常常会面临茶叶卖不出或不得不以低价贱卖的情况，于是志愿者团队搭建起爱心供销平台，每年从乡亲们手中收购茶叶并在朋友圈中进行义卖，所得款项扣除给茶农的收购款后，全部用作茶园小学保障资金。这不仅为学校源源不断地提供了运营及发展的经费，也提高了茶园地区茶农的收入，促进了当地经济的微循环与良性发展。

近年来，志愿者团队还在积极地协助村里进行基础设施建设以及发展当地产业。每当村里雨季来临，山涧那头的孩子们在溪水暴涨后就无法过河上学，于是志愿者团队中的学校建筑师负责设计，其余成员们负责募集资金，在河面上修建起一座爱心铁桥，打破了山洪对孩子们求学道路的封锁。另外，为了进一步振兴当地经济，团队一直在计划建立合作社，发展以茶叶为主的生态产业，并以此让小学的运营走上自主循环之路。他们希望将小学作为社会生态永续发展的载体，让学校成为众多关心农村发展的人士扎根乡土的基地——一个能让北京、上海这些城市里所有有爱心的孩子和家长可以支援乡村、精准扶贫的爱心教育基地，从而对当地农村的生态产业发展、文化技艺传承、环境永续发展等的综合进步产生持续而深远的影响。

另外，为了鼓励茶园小学的毕业生继续求学，志愿者团队中的某成员的母校上海某高校还特别设立了茶园小学奖学金，支持家庭困难的优秀毕业生读初中、高中、大学。而当遇到当地村民或学生发生意外需要救治时，这个团队也会积极地帮助寻找上海和北京的最好的医疗资源并为其筹集善款。

6.2.3　多方协作下的持续运营

随着学校的发展，志愿者队伍也在不断壮大。除了正在继续支持如教师宿舍扩建等有关学校所需设施的建设工作的茶园小学的建筑师，团队也渐渐开始吸引其他各领域的研究团队和专家来协助茶园小学和茶园村的发展。

由于 2015 年对茶园小学的调研经历以及志愿者团队带头人的牵线，从 2019 年 4 月开始笔者也正式参与协助茶园小学和茶园村发展的工作。2019 年，笔者联合德国柏林工业大学的城市规划设计专业的教育研究者以及茶园志愿者团队带头人申请到了丰田财团的研究资助，发起了"共生学校"项目，并把茶园小学和茶园村作为此项目的重点示范地。

"学校是其所在社区的中心"，它不仅是正式的学习场所，还有可能成为非正式的交流与学习空间以及与朋友相聚等产生新体验的空间。为了能使学校发挥其作为社区真正需要的学校的潜力，它还需要相应的物理空间去支持各种共同活动的开展。基于此认识，我们将该项目的核心确定为为实现社区中的学校的可持续的设计创造而进行的学校、社区和设计师之间的紧密协作。此项目的主要目标有：①协助挖掘茶园村的潜在资源的同时，帮助茶园小学开展与当地文化、传统、产业相关的课外活动；②在此基础上，活用日本与德国在学校建筑设计方面的新颖理念与方法，与当地师生一起挖掘大家对学校/社区的设施和空间的潜在需求，并共同设计与建设与其相适应的小型设施与空间；③为学校以及社区的未来发展建设提出长期的规划设计方案。本项目的主要参加成员有：来自日本九州大学以及德国柏林工业大学的建筑设计专业的研究者；两校建筑设计和城市规划专业的学生；一直以来支持茶园村和茶园小学发展运营的重要支持者志愿者团队的带头人和茶园小学的建筑师；当地教育部门的负责人，茶园村领导及村民代表，茶园小学校长、教师、学生代表。可见这个项目是基于当地政府和教育部门、大学研究机构、慈善团体、建筑设计事务所、当地居民以及学校师生的合作而开展进行的，既是产业界、大学、政府、慈善团体和当地居民即"产学官民"之间的一种组织协作，又是中国、日本和德国之间的国际化合作。至 2021 年 5 月，此项目还在进行当中，之后笔者将会把相关成果编辑成册作为参考。

另外，从 2020 年开始，团队还吸引了上海、北京等地的教育专家来协助茶园小学开发更有利于当地孩子发展的有关音乐和美术的教学课程。

总体来看，茶园的志愿者团队在整个学校的重建和运营过程当中仍然是一个组织者和领导者的身份。他们负责筹备经费，寻找专家和对接各种资源以支持学校的运营和管理工作。而村民在最初阶段也确实处于一种被动状态，配合外部的志愿者做着各项工作。然而在笔者带领研究团队到茶园村开展项目调研，组织村民一起来参加工作坊时发现，当地的有些村民与之前相比在协助学校和村落经济发展方面已经变得更加主动积极了。有些村民甚至开始利用微信网店帮助其他村民售卖农作物与当地特产。相信将来他们会更加主动地来协助学校运营和村落的发展。

6.2.4　学校取得的成效和带来的社会影响

1. 生源、师资力量和资源方面

经过了 10 年的运营与发展，茶园小学现在已经发展成为一个完全小学。虽然学生人数不多，只有 18 位，但是全村小学学龄儿童入学率是百分之百，也没有中途辍学现象的发生。茶园小学的存在使得茶园村的孩子们可以就近上学，解放了渭沟两个行政村在外陪读的劳动力，一年可为每个家庭节约 3～4 万元。此外，学校还聚集了可以常驻在村里的、具备较高文化素养的支教老师，他们不仅可以帮助发掘孩子们的各种才艺天赋，而且还传递给孩子们更多的外界信息，从而帮助孩子们开阔眼界。

另外，据当地教育局的相关人员表示，在全陇南市甚至整个甘肃南部的村级小学中，茶园小学的硬件最出色、软件最独特、社会属性最强。西部地区很多村小建起后，由于撤点并校或者人口减少等各种原因最后闲置成了空楼，但茶园小学在茶园援建团队和当地教育局的支持下一直良好地运行着。

2. 成绩方面

2011 年 1 月，茶园小学重建开学后的首个学期，孩子们的平均成绩在所在学区名列第一，其中还有学生的数学期末考试成绩在全学区名列榜首。近些年，每年茶园小学的考试成绩都排在所在学区的前三名，所有毕业生都能够顺利升入镇上或市里的中学，其中有多名优秀的毕业生被甘肃省规模最大的中学录取，还有一名毕业生高中毕业后考入了师范类大学。这位学生表示学成之后要回到茶园小学当老师，为村里的教育事业尽一份力。

3. 获得社会肯定

落成至今 10 年间，茶园小学争气地扛住了汶川地震后的所有余震。其中震级最高的一次发生在 2011 年 11 月 1 日，在震源中心紧邻茶园村的 5.4 级的地震中，茶园小学没有受到任何影响。另外，2012 年 11 月，在没有参加申报的情况下，建筑师与村民一起联手建造的茶园小学获得"2012 年度中国建筑传媒奖最佳建筑奖"提名，成为与中央电视台总部大楼并肩排列的中国建筑界新秀。

4. 公益活动方面

从建校至今，志愿者团队一共资助了 100 多名来上茶园小学的茶园村及其周边地区的孩子，帮助其解决午餐、文具、课外书和学习用品等各种上学费用（学费免费）。另外，他们同时还持续资助了 10 多位升入初中、高中以及考上大学的毕业生。

5. 得到社会更多的关注与捐助

在援建团队两位带头人的牵动下，越来越多的人加入关爱茶园小学的行列，其中不乏文艺界和学术界知名人士以及多家媒体的记者。他们为茶园小学的建设带来了更多的资金与资源。另外，某个全球最大的食品制造商公司还将茶园小学震后重生的故事拍成小电影，以此代言其百折不挠的品牌精神。这些年来，茶园小学不但成为外界认识陇南、了解文县的一张爱心名片，而且在其所在的碧口地区也成为各企事业单位青年志愿者们支教助学的爱心集散地。

6.3　学校运营新模式的萌芽

在前两节里，笔者详细阐述了达祖小学的重建、新校舍的建设、地域文化乡土教育课程的设计、运营状况以及茶园小学的重建与运营状况。笔者发现这些活动都是在志愿者团队，外部专家和当地村民的合作下完成的。具体来看，首先，扮演高层管理角色的外部志愿者团队的参与启动了重建活动。其次，设计和建设过程中的建筑师的主导作用以及当地村民和工匠的积极参与，使学校空间变得更加开放和灵活。再次，志愿者团队最初的办学理念大大促进了与当地文化和产业发展相关的新教育课程的设计，并且志愿者团队与扮演中层管理角色的支教教师以及扮演被培训角色的当地教师的共同讨论，再加上来自各领域的扮演着智库和顾问角色的外部专家的建议在这些教育课程的设计过程中也起到一个至关重要的作用。此外，通过比较达祖小学在初始阶段和当前的运营现状可以知道，经过 10 多年的学校运营，一直处在被培养状态下的当地教师已经取代了外部的志愿者团队和支教老师，在学校的运营管理和教学工作中占据了主导地位，而这种情况在最初阶段是相反的（图6-32）。另外，学校的功能也已经不再局限于一个学习场所，而是扩大成为一个可以借助自己的力量援助其他面临着相同困境的农村学校和贫困家庭孩子的公益平台，一个可以为村落的文化经济发展出谋划策的智库。

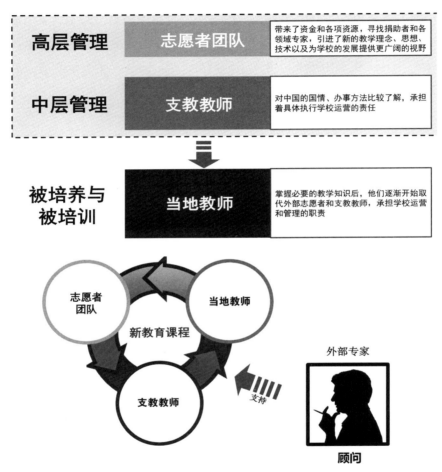

图6-32　设计新教育课程的人员之间的关系

通过采访调查和分析，我们知道这两所学校可以取得现在的成效与下面几点息息相关。首先，在协助建设学校、灾后重建校园以及运营学校的过程中，多方人员的参与是至关重要的。这意味着除了建筑师和施工人员等外部专家外，关注农村地区和农村学校建设的外部志愿者以及当地的居民也参与了学校的建设和运营。在这样一种团队组织当中，外部的人会带来新观点和新视角甚至更先进的理念与想法，同时给予当地人大胆尝试的空间。而当地人可以为外部的人解释当前现状，提供必要的资源，并通过尝试各种新方法来支持新想法的实践工作。其次，"最终要让当地人负责办学"这样一个从一开始就设定好的目标是非常关键的。在多方参与的合作模式下，对当地人的培养始终被放在第一位，因此当地教师们在培训中得以成长，并逐步具备了负责学校运营以及协助村落发展的能力，做到可以在没有外部帮助的情况下继续培养可以为当地发展做出贡献的当地人才。再次，是外部的志愿者团队深入当地，在与当地社区建立了更加紧密的关系的基础之上参与学校和村落的建设过程。据了解团队中有成员 10 多年来长期驻扎村里，指导和协助各项工作的开展。这就大大增强了当地人对办学以及乡村振兴的信心（图 6-33）。

笔者认为无论是达祖小学还是茶园小学，它们正在尝试的这样一种运营方式是一种可持续的希望小学的建设与运营模式，并有望为建立次世代（下一代）的学校模型奠定基础，从而缩小城乡之间的教育差距，更好地支持震后重建学校工作。同时，这种模式也有助于创造一种"使不同的人在相互协助下得以共生"这一新的社会价值。

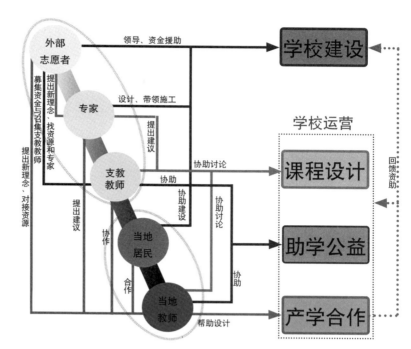

图 6-33　各方在学校建设与运营中的网络关系

6.4　小结

本章以四川的达祖小学和甘肃的茶园小学为例，详细阐述了两所学校在外部的慈善团体、专家、支教老师以及当地的村民和当地教师的合作下的重建过程以及运营状况，并通过对其的分析初步探讨了新希望小学中形成的一种自下而上的新的运营模式。

外部的慈善团队促使了学校重建的完成，他们联合专家、募集资金、召集村民建起了学校，之后再继续帮助学校进行管理和运营，通过搜集外部专家的意见、集结支教教师和当地教师设计学校的发展理念和有利于当地文化和产业发展的课程活动。而在当地教师队伍壮大之后，当地教师化被动为主动逐渐取代外部慈善团队开始负责学校的运营和管理工作。他们在外部慈善团队提供的资源的帮助下，联合村民开创产学合作活动，进行农产品的生产和售卖，实施村落旅游项目，开展乡村文创活动等。同时他们还把学校发展成一个可以帮助其他乡村小学以及贫困家庭的公益平台。另外，在学校运营资金方面，最开始的运营只是单纯依赖于外界资助，后来通过对本地资源的开发利用，学校开始自我造血和自给自足，支持运营以及各项公益活动的开展。

综上所述，我们可以看出这两所新希望小学的建设和运营过程是一个由外部带动渐渐发展为内部自发的一个过程，同时也是一个由被动状态逐渐变为主动状态的过程。只是单纯建设新希望小学的建筑，并不能完全解决农村教育正在面临的问题，如何运营、发展学校，使其在当地发挥应有的作用才是最重要的。期望这一章对新运营模式的初步探讨可以为今后希望小学的建设以及其他城市地区的学校发展运营带来一些启发。

第7章　共生学校——次世代学校模型初探

7.1　总结

随着时代的变迁，我国的学校建筑在外观造型设计、材料、构造、结构和设备等方面都有了显著的进步，然而其空间设计方面的发展却比较迟缓。此外，到了现代特别是 20 世纪 80 年代改革开放以后，沿海地区与内陆地区、城市与农村之间的教育和学校设施上的差距的拉大，与教育改革相适应的学校设计指导方针上的变革的缺失，过度关注建筑外观的设计风潮的兴起，学校建筑与本地传统文化特征之间的关联性的薄弱，学校与当地社会之间的合作与交流的不足等问题逐渐凸显。

20 世纪 80 年代的后半期开始实施的素质教育已经被证实能够促进学生解决问题所必需的知识和技能活用能力的发展，在教育与人才培养上是有成效的，因此在学校建筑的规划设计中素质教育也应该可以成为一个有用的指标。然而，现状却是素质教育并没有在全国的所有学校中得到彻底的实施，同时也没有在空间设计上被看作是一个重要的指标。另外，可以被理解为在乡村开展的素质教育的乡土教育，通过与本乡本土的自然、人文、历史相结合的课程设计让孩子们在乡土田野中学习知识，并且被确认不仅可以强化素质教育的实施，同时也对解决当前大多数农村小学所面临的生源少、教学质量不高等问题起到一定的积极作用。然而，总体来说，乡土教育现在在全国的发展还很不平衡，在大多数学校中并没有得到实际的支持，同时学校中也缺少支持乡土教育进一步开展的空间。

城市里的学校，从教师和建筑师的角度来看，仍然存在空间设计单一、可以用来实践素质教育活动的教育空间不足、过于重视建筑造型和外观的设计以及学校与当地社会的关系薄弱等问题。而这些问题又与城市学校的设计与建设过程现状相关联。首先，在设计过程中，建筑师比较偏向于以"设计符合设计规范的学校建筑"为中心任务，多数情况下采用的设计手法也较标准化和单一化。其次，在设计和建设过程中，还存在诸如，缺乏所有相关者共同讨论的参与式方案设计探讨过程，当地的行政部门过度介入设计过程并左右设计方案的确定，建筑师的主导性较低，缺乏使用者和当地居民对设计过程的参与等问题。再次，城市学校里实际上还存在着等级制度，由此产生的差别也体现在学校的设计、建设过程中。学校的等级越高，行政部门对学校的建设也愈加重视和关注，参与设计过程的行政人员的级别及其对设计过程的主导性也越高。最后，学校的设计和建设过程的制度化以及学校建筑的设计规范的修正还有待更深入的探讨。

此外，近年来在乡村地区，出现了和传统的学校建筑不同的，有可促进自主学习活动等素质教育活动的开展的个性化学习空间，并同时提倡与当地社会协作的新希望小学。而这些新希望小学的诞生又与我国之前不曾出现过的创新型学校设计与建设过程紧紧相连。

在新希望小学的设计和建设过程中，首先，在项目的启动阶段，建筑师参与项目的方式和他们在其中所扮演的角色是最至关重要的。除了自行发起项目计划的建筑师，其余的新希望小学的建筑师大多是通过公开竞赛或直接委托的方式被选定的。此外，建筑师们主动地去发现当地的社会和教育问题，积极地投入对当地的文化、风土、社会的考察调研，不仅对学校功能的设计产生了积极的影响，而且还将地域传统文化和特色投射到了建筑设计当中。

其次，建筑师主导设计过程（设计方案的探讨和确定），使得作为实践素质教育的场所的丰富多样的空间被创造出来。另外，在建设过程中，尽管资金并不充足，但是建筑师通过采用当地的建筑构造和材料、雇用当地的工匠和居民，创造出了融合本地传统文化和特征的学校建筑。

再次，利用多元化的资金源而不仅仅是依靠政府的公共预算，使得更多的相关者可以参与设计、建设过程，继而形成了多方人员参加的公众参与式的设计过程。

复次，在讨论设计方案阶段，当地居民和当地工匠等地域社会相关者也会参与讨论过程，并对学校的功能或设计方案提出自己的意见和建议。正因如此，与和当地社区的合作、居民的多元化利用、地域文化的传承和产业的复兴等话题有着深层关联性的新希望小学才被创建了出来。

然而，我们不能忽视在学校的设计和建设过程中仍然存在着以下几个问题：

（1）新希望小学的项目启动过程和甲方呈多元化倾向，设计方案的探讨和确定这一设计过程还没有形成一个制度化的系统。另外，决定建筑品质的建设资金从整体上来看普遍较少，并且没有一个标准的金额设定，学校之间也存在较大的差距。此外，建设资金源虽呈多样化趋势，但收集资金的方式并没有制度化，从而使得资金无法得到保证。

（2）需要重新审视农村普通中小学校建设标准的修订工作，以便使其变得更加符合各乡村地区的教育现状和当地社区需求。

（3）在施工现场无法长期驻扎的新希望小学的建筑师们需要更加重视施工质量、现场讨论和施工延误等问题的解决。

（4）外部建筑师需要在"如何能够向持有不同文化或教育背景的学校运营管理方和当地居民准确充分地传达其设计理念和空间使用方法"这一问题上多下功夫。

（5）需要更加综合考虑诸如，符合当地现状的建筑材料和新技术的运用、适应当地未来发展的更加合理的选址和资源配置以及只需当地工匠就可进行的后期维护方法的确立等问题。

7.2 共生学校

通过以上的总结，笔者认识到"学校是其所在社区的中心"。它不仅是一个正式的学习场所，还有可能成为包括学生、教师和当地居民等在内的人们的非正式的交流与学习空间以及如与朋友相聚、相互合作等产生新体验的公共空间。同时，学校还可以成为一个传承当地民族文化的平台以及一个帮助解决灾后重建等社区问题、促进乡村振兴、激发村落活力的原点。当然，为了能使学校发挥其作为当地社区真正需要的学校的潜力，它必然还需要相应的物理空间去支持各种合作活动的开展。因此，笔者认为未来的次世代（下一代）的学校应该和其所在地区保持一种可以相依生存、互惠互利、共同成长的关系，即"共生关系"。因而笔者称未来的次世代的学校为"共生学校"，并同时从其软件和硬件即教育活动和空间设计方面提出具体的方案建议。

本节中，首先笔者将就为何要提出共生学校这一概念，即提出共生学校的几个重要的出发点，进行详细的说明。其次会以出发点为基础，对聚焦各地区的特征和特点的同时既具有多样性又可供选择的次世代学校的模型——"共生学校"的教育课程活动以及与其相对应的建筑空间设计、设计建设过程提出初步的方案建议，以期为培养能够为振兴当地的产业、缩小教育差距、重建灾区以及解决地域问题做出贡献的人才提供一个参考性的方案。

提出共生学校概念的出发点，主要有以下三点：改变教育的不均衡；灾后复兴；地域社会存在的多种问题的解决。

（1）改变教育的不均衡方面，笔者分别对乡村教育与改变教育的不均衡之间的关联性以及学校建筑设计与改变教育的不均衡之间的关联性进行讨论。

（2）灾后复兴方面，主要探讨了学校重建和灾后复兴之间的关联性以及学校建筑设计的发展与灾后复兴之间的关联性。

（3）地域社会存在的多种问题方面，主要探讨了社区居民之间交流空间不足、地域经济衰退、产业薄弱、村民长期外出打工、居住环境落后、地域文化的传承发展滞后等地域社会存在的各种问题的解决与学校教育、空间设计之间的关联性。

7.2.1　提出共生学校概念的出发点

1. 改变教育的不均衡

1）乡村教育和改变教育的不均衡的关联性

每年，城市里的慈善团体、NGO 组织或爱心人士会向偏远地区和贫困地区的学校捐赠大量资金、书籍和其他生活用品，同时也会积极地开展支教活动或希望工程等志愿者活动。然而，外部的资金和物资捐赠以及对教育的支援活动说到底只是暂时的解决方案，而不是根本的解决方案。此外，城乡教育资源和学校设施之间差距形成的最重要因素之一是城乡之间经济发展差距的扩大。因此，提高农村经济实力是改变城乡教育和学校设施发展不均衡的关键。

加快乡村地区的经济增长对于振兴当地产业以及传承和发展当地的本土文化和技能非常重要。而与之相关的人才培养是不可或缺的关键点。然而，在目前经济欠发达的农村地区，许多学生学习的目的是离开农村，移居到城市生活。由此导致的本地人才资源的外流使得城乡之间经济发展的差距日益扩大。因此笔者认为，"学习不是为了离开农村，而是为了振兴家乡"应该成为乡村地区教育的主旨。

综上所述，扎根于当地社会的乡村教育应该以培养可以为提高当地的经济发展、振兴当地特有产业以及传承发展当地独特的文化和技能等做出贡献的多元化人才为主要目标。此外，也需要更加重视对负责本地人才培育工作的本地教育工作者的培训。同时，乡村的教育方针和内容也应以传承和发展本地的特有的行业、产业、文化和技能为主旨，以此来提高学生对自己家乡的本土文化或民族文化的兴趣，加深他们对乡土的感情（图 7-1）。

2）学校建筑设计和改变教育的不均衡之间的关联性

现阶段，乡村教育从硬件方面来看，基础设施仍然较弱，设备匮乏，学校缺乏运营资金以及足够的图书；从软件方面来看，教师的水平不高、人数也不足，特别是支教老师的人数少、赴任时间短、流动性大导致教育质量不高等问题发生（图 7-2）。

然而，根据对新希望小学的校长、本地教师以及支教教师的采访调查得知，富有创造性的希望小学的建设、教育设施条件的改善以及媒体宣传促使学校建筑知名度的上升会对支教教师人数的增加起

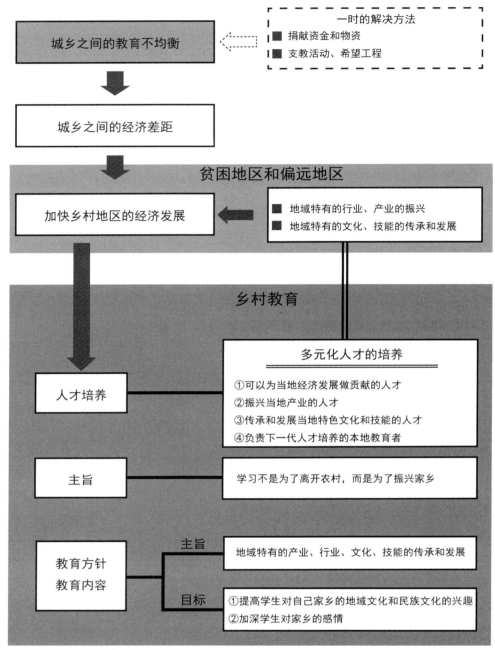

图 7-1　乡村教育和改变教育不均衡之间的关联性

到积极的影响。另外，对学校建筑的高评价带来的学校知名度的上升又会引起当地政府和慈善团体的更多的关注，从而使学校获得更多资金上的支援。由此，笔者尝试对学校建筑设计和改变教育的不均衡之间的关联性进行了以下分析。

　　优秀的学校建筑设计将会带来一个良性循环。首先，拥有创造性和多样性的学校建筑的建设将会改善乡村的教育设施条件（硬件方面）。其次，通过媒体的宣传学校的知名度大幅提高，包括支教老师在内的教师人数将会增加，人才流动性也会降低（软件方面）。接下来，随着师资力量的增强，教育质量得以提高，这会使更多的村民把孩子送到学校，由此学生人数得以增加（软件方面）。这样一来，学校将会得到更多的社会关注，引起当地政府和慈善团体对学校的重视，从而吸引更多资金上的投入。最后，充足的建设资金又为之后创建更好的学校建筑、改善学校设施条件、充实学校运营资金以及购入充足的教科书等奠定了坚实的基础并提供了机会（图 7-3）。

所以说，笔者认为创造丰富多样的学校建筑有利于解决乡村教育的软件与硬件方面的问题，是改变教育不均衡的一个重要环节。

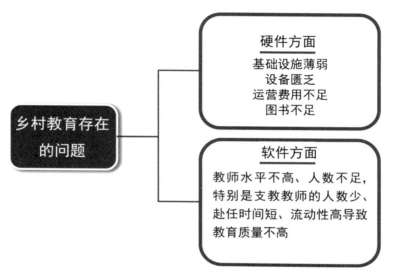

图 7-2 乡村教育存在的问题

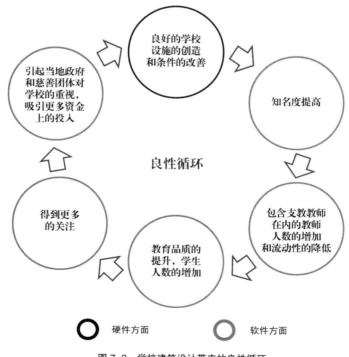

图 7-3 学校建筑设计带来的良性循环

2. 灾后复兴

1）学校重建和灾后复兴的关联性

受灾地区特别是处于贫困地区或偏远地区的受灾区，其经济往往会受到较大影响，当地产业、行业以及就业也会受到冲击，这就会导致更多的当地村民选择长期外出打工。此外，依靠外部捐赠的资金重建并运营的学校还要面临诸如设施、设备和运营资金短缺、教师人数不足以及教育质量下降等问题。为了解决这些问题，我们知道一些新希望小学选择与当地社区合作，并试图组建有助于学校运营以及社区重建的可以带来经济效益的合作社（图7-4）。另外，学校教育方面，为了培育可以为灾区重建做出贡献的人才，我们也能够看到一些学校针对当地的学生以及当地社区居民，分别创建了与地域特有的产业或行业相关的课程活动以及成人教育课程（图7-5）。

由此可知，受灾地区的学校重建不仅仅是校舍的重建，重建后学校还承担着培养能够解决当地产业衰退、村民长期外出打工等问题以及为乡村振兴和灾后重建做出贡献的人才的任务。因此，重建后的学校应该成为当地儿童和居民的人才培养教育基地、社区的公共交流空间、灾区重建的中心、地域活力的原点以及与当地社区合作进行与当地产业相关联的技术开发的复合体（图7-6）。

2）学校建筑设计的发展和灾后复兴的关联性

从中国学校建筑的历史变迁来看，灾后的学校重建往往会成为我国学校空间设计变革的一个契机。所以，笔者认为当诸如地震、风灾或水灾等灾害发生后，灾后复兴活动中的学校重建可以为教育方针改革的再检讨、支持实践新教育方针和内容的教育空间的创造以及有关学校空间设计建设方面的改革提供机会。另外，它也可以为应对自然灾害的新型建造系统的研发以及具备抗震性高、结构轻巧、施工速度快和交通便利等特点的建筑材料、技术和构造的开发和运用提供一个契机（图7-7）。

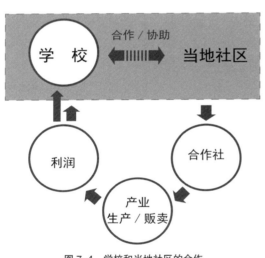

图7-4　学校和当地社区的合作

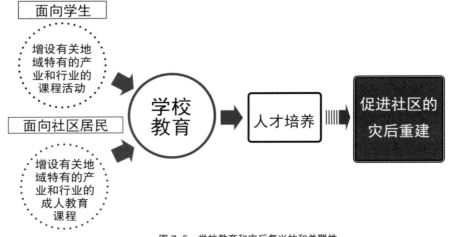

图7-5　学校教育和灾后复兴的和关联性

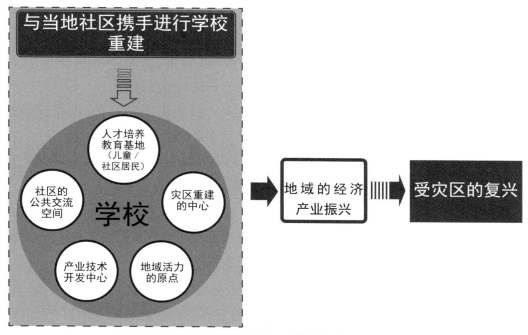

图 7-6　学校在灾区复兴中扮演的角色

3. 地域社会存在的多种问题的解决

1）地域社会存在的多种问题

现如今，我国的部分乡村地区仍然存在着很多社会问题。首先，因当地的产业、农业的衰退导致经济发展相对缓慢，造成人口不断"外流"，常住人口减少，从而使村落渐渐消失。另外，由于村民长期外出打工，多数儿童被留在村里或被寄养在祖父母、亲友身边，或独自生活，从而成为留守儿童。而这些留守儿童往往由于在其成长过程中缺少父母的关心和学校的关注，因而会产生心理问题、安全隐患、自杀倾向或者被卷入犯罪事件等。

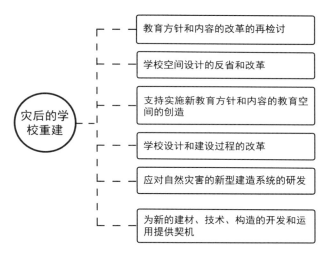

图 7-7　学校建筑设计的发展和灾后复兴的关联性

其次，部分贫困地区或偏远地区因当地教育水平普遍较低，多数村民不会说普通话，当他们不得不去城市里打工时，就会因语言不通无法进入主流社会而被边缘化，有些人甚至卷入犯罪活动，与毒品、艾滋病有了关联。这就导致有些人最后不得不面临进入监狱和医院的困境，甚至因艾滋病而死亡。这些村民留下的孩子成了失依儿童。因此失依儿童的抚养和教育问题也成为贫困地区和偏远地区的新问题。

再次，城市经济的急速发展以及城市带来的文化冲击使得乡村各地区的文化的传承和发展趋于停滞。此外，少数民族的文化、技能、工艺因后继无人而面临消失的困境。

最后，乡村地区还存在着诸如，社区居民的交流空间和社区的公共设施不足、居民的居住环境落后、地域的传统民居建造技术和方式的传承和发展停滞等与社区规划设计相关的种种问题（图7-8）。

2）地域社会存在的多种问题的解决与学校教育、空间设计的关联性

为了解决上述地域社会存在的种种问题，我们应该更加重视发展当地经济、振兴当地产业、提高教育实力以及继承和发展民族和本土的文化和技术。另外，也应更加注重增加社区居民的交流空间和公共设施的数量、改善居住环境以及加强对传统的民居建造技术和建造方法的研究。

因此，在乡村地区，特别是贫困地区和偏远地区的学校教育需要考虑开设面向当地儿童和社区居民的与本地的产业、文化、技术、工艺等相关的课程内容以及符合当地社区需求的教育活动。此外，在进行学校设计的时候，也要更加注重居民的交流空间或支持开展成人教育的空间等与地域社会相关的空间设计、传统的民居建筑技术和构造方法的活用以及能够促进当地居住环境发展的新的建筑模式的创建（图7-9）。

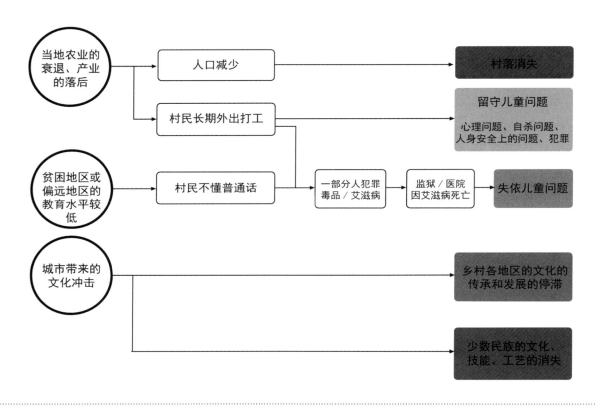

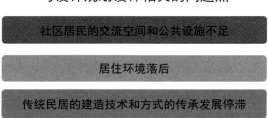

图 7-8　地域社会存在的种种问题

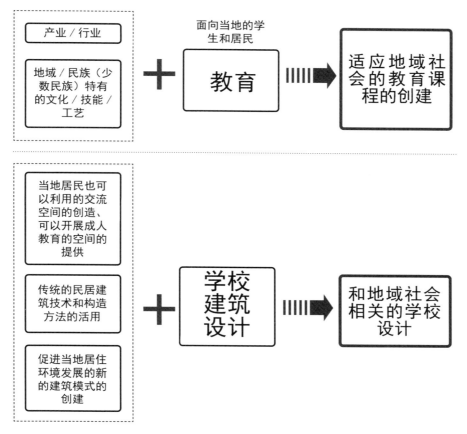

图 7-9 地域社会存在的多种问题的解决与学校教育、空间设计的关联性

7.2.2 共生学校的教育课程活动

以前述出发点为基础，笔者尝试对聚焦各地区的特征和特点的同时既具有多样性又可供选择的次世代学校的模型——"共生学校"的教育课程活动以及与其相对应的建筑空间设计、设计建设过程提出初步的方案建议，以期为培养能为乡村地区的产业振兴、教育不均衡的改变、灾后复兴以及地域社会存在的各种社会问题的解决做出贡献的人才提供一个参考性的方案。

共生学校的教育课程活动可以分为两个部分讨论：一个是多元化教育课程的开展；另一个是学校和当地社区的联合教育和合作项目的内容和实施方法。

1. 多元化教育课程的开展

以当地的儿童和居民为教育对象，开展与当地的乡土文化、特征和特有的产业相关联的，诸如青少年教育、成人教育、终身教育、学校和当地社区的联合教育等多元化的教育课程活动（图 7-10）。

1）青少年教育主要以当地的学生为教育对象，其内容主要由基础课程、与乡土或民族文化相关的课程以及与当地特有的产业相关的课程这三部分组成。基础课程与现行的国际基础标准课程一样，主要以语文、数学、英语、品德与生活、科学、音乐、美术、体育为主。与乡土或民族文化相关的课程的内容主要涉及当地的文化习俗、地理特征、工艺、技术、技能以及少数民族的文字和语言。与当地特有的产业相关的课程应主要以当地的特色产业、行业、农业的文化、基础知识和技术等为主要学习内容。

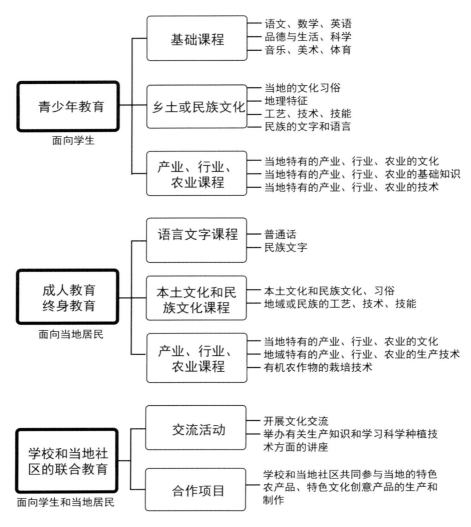

图 7-10　共生学校的教育课程活动

（2）成人教育和终身教育项目以当地的居民为主要教育对象。其课程主要由语言文字课程、本土和民族文化课程以及产业、行业、农业的课程组成。语言文字课程以学习普通话（或者扫盲）和本民族的文字为主。本土和民族文化课程主要包括学习当地的本土文化和民族文化、习俗、工艺、技术、技能等内容。产业、行业、农业课程主要以学习当地特有的产业、行业、农业的文化知识、生产技术或有机农作物的栽培技术为主。

3）学校和当地社区的联合教育主要以学生和居民为主要教育对象，其内容由学校和当地社区的交流活动以及合作项目组成。学校和当地社区的交流活动以开展文化交流、举办有关生产知识和学习科学种植技术方面的讲座为主。学校和当地社区的合作项目主要包括学校和当地社区共同参与当地的特色农产品、特色文化创意产品的生产和制作。

2. 学校和当地社区的联合教育和合作项目的内容和实施方法

为了解决地域社会存在的各种问题，笔者对学校和当地社区的联合教育和合作项目的内容和实施方法给出了建议。而具体内容主要是围绕学校与当地社会的交流活动、乡土文化教育课程、产学合作项目这三点进行探讨（图 7-11）。

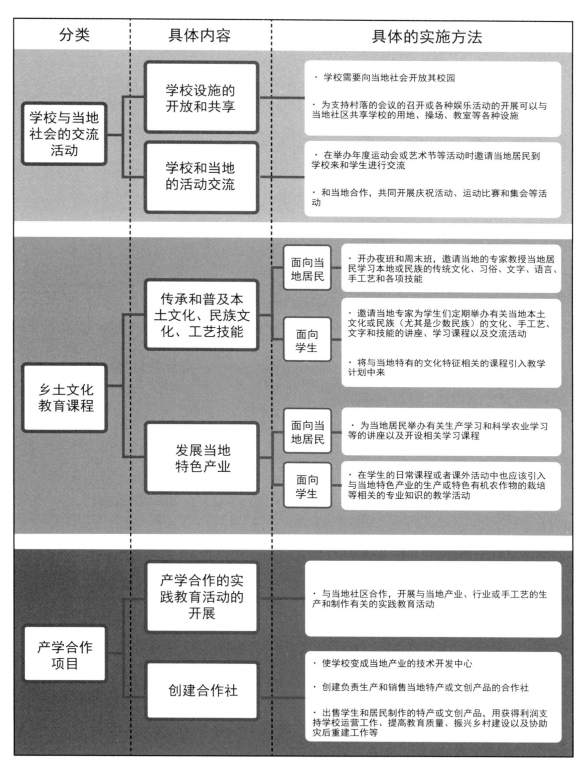

图 7-11　学校和当地社区的联合教育和合作项目的内容和实施方法

1) 学校与当地社会的交流活动

首先，学校需要向当地社会开放其校园，并且为支持村落的会议的召开或各种娱乐活动的开展与当地社区共享学校的用地、操场、教室等各种设施。此外，学校也可以在举办年度运动会或艺术节等活动时邀请当地居民到学校来和学生进行交流，同时和当地合作，共同开展多项庆祝活动、运动比赛和集会等活动（图7-12）。

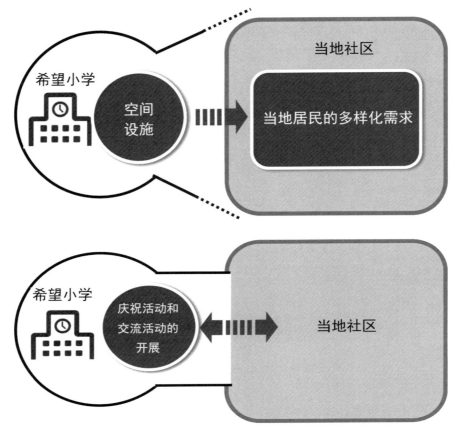

图 7-12　学校和当地社会的交流活动

2) 乡土文化教育课程

首先，为了传承和普及本土文化、民族文化和工艺技能，学校可以举办夜班和周末班，邀请当地的专家教授当地居民学习本地或民族的传统文化、习俗、文字、语言、手工艺和各项技能。此外，学校也可以邀请当地专家为学生们定期举办有关当地本土文化或民族（尤其是少数民族）的文化、手工艺、文字和技能的讲座、学习课程和交流活动。另外，学校也需要将与当地特有的文化特征相关的课程引入日常的教学计划中来。其次，为了发展当地特色产业，学校可以为当地居民举办有关生产学习和科学农业学习等的讲座以及开设相关的学习课程。而在学生的日常课程或者课外活动中也应该引入与当地特色产业的生产或特色有机农作物的栽培等相关的专业知识方面的教学活动（图7-13）。

3) 产学合作项目

首先，学校需要与当地社区合作，开展与当地产业、行业或手工艺的生产和制作相关的实践教育活动。其次，通过与当地社区和居民的合作，使学校变成当地产业的技术开发中心，同时创建负责生

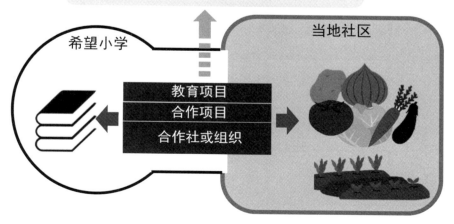

图 7-13 乡土文化教育课程

产和销售当地特产或文创产品的合作社。再次，出售学生和居民制作的特产或文创产品，用获得的利润支持学校运营工作、提高教育质量、振兴乡村建设以及协助灾后重建工作等（图 7-14）。

7.2.3 共生学校的建筑空间设计

以"共生学校的教育课程活动"方面的建议为基础，笔者接下来将就共生学校的建筑空间设计给出方案建议。具体的内容主要包括以下四个方面：设计理念；空间设计；建筑材料、技术和构造；学校与当地社区的联合教育和合作活动与学校建筑空间之间的关系。

1. 设计理念

共生学校的设计应该围绕"使学校和其所在地区保持一种可以相依生存、互惠互利、共同成长的

图 7-14 产学合作项目

共生关系"这一宗旨进行，所以其设计理念需要以解决当地社区的问题、传承和发展本地文化、创建多元化的教育活动空间以及应对灾害这四点为目标和出发点来进行考量（图7-15）。

1）解决当地社区的问题

现在多数乡村地区还存在着诸如居民间的交流空间不足、当地经济产业衰退、居住环境落后等的多样化的社会问题。因此，为了更好地解决这些问题，建筑师可以考虑把学校与当地产业教学基地、社区图书室、社区集会场所、社区运动设施等当地社区的公共设施的功能进行复合化设计，使学校拥有学习和教学以外的多元化的功能，以满足当地居民的多种需求。此外，为了方便学校和当地社区共享设施和各种资源，并促进当地居民和学校的共同成长，应该模糊学校与社区之间的边界，少设甚至不设学校大门或者围墙。

2）传承和发展本地文化

共生学校的建设可以是一个彰显和发扬当地本土文化和特色的契机，因此在设计时，建筑师可以以传承和发展当地的本土文化和传统民居的建造方法为目标，将当地的传统文化和工艺技术融入设计理念。同时也要在和当地的景观保持和谐一致的同时，活用当地特有的建筑材料、结构形式和构造方式。此外，为改进当地的居住环境，建筑师应当在深入研究当地传统民居的基础之上进行设计，并尽力为当地建筑的未来发展创建一个优良的模式。

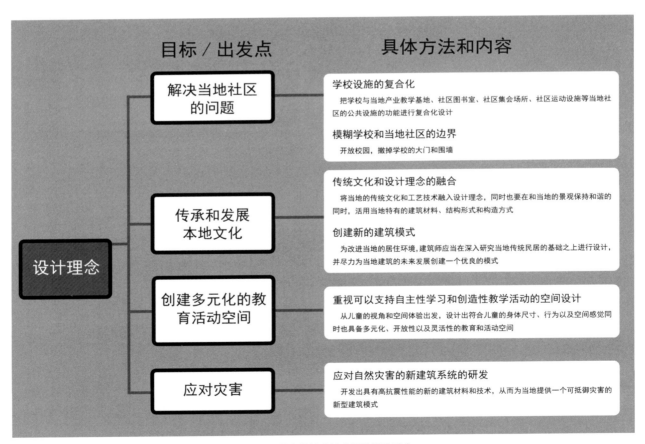

图7-15 共生学校建筑空间的设计理念

3）创建多元化的教育活动空间

重视学生的学习和活动空间的设计是共生学校建筑空间设计中的一个重要课题。建筑师应该更加重视可以支持自主性学习和创造性教学活动的空间设计，从儿童的视角和空间体验出发，设计出符合儿童的身体尺寸、行为以及空间感觉同时又具备多元化、开放性以及灵活性的教育和活动空间。

4）应对灾害

在很多偏远地区的乡村，地震或者风灾等自然灾害的发生较为频繁，因此在此地区建设的学校需要更加重视建筑抵御灾害的能力。建筑师可以以能够应对自然灾害的新建筑系统的研发作为设计理念的出发点，开发出具有高抗震性能的新的建筑材料和技术，从而为当地提供一个可抵御灾害的新型建筑模式。

2. 空间设计

关于共生学校的空间设计，笔者将从教育空间、活动空间、地域共享设施、地域特别设施这四个方面给出方案建议（表7-1）。

1）教育空间

共生学校的教育空间里除了普通教室和专科教室，还应具备地域文化教室、读书角或小组学习室等小规模空间、半开放空间以及开放空间。

首先，在教授语文、数学、英语等基础课程的普通教室以及教授科学、音乐、美术等课程的专科教室中，可以通过安装可移动的隔板或可移动的黑板来代替教室的墙壁。这样，教室空间就可以完全向走廊和外部开放，并且具备开放性和灵活性。

其次，在校园中创建可以实践前文提到的针对学生和当地居民开展的乡土文化教育课程和产学合作项目的地域文化教室。这个地域文化教室最好是一个能够做到完全对外开放的空间，在学校和当地举办庆祝活动时可以成为舞台，在学生放学后或假日里还可以自由地转变成具有开放性和灵活性的多功能室，以便学生进行玩耍和自习等活动。

再次，教育空间中还应该增设一些可以支持开展自习活动、小组学习、游戏、讨论交流等活动的小规模空间（如读书角或小组学习室）、半开放空间以及开放空间等。而这些小规模空间或开放性空间还应被布置在教室周围以及可以让学生近距离接触或者容易看到的地方，以便学生们能随时使用这些空间。此外，需要特别注意的是这些空间应该根据孩子的身体尺寸进行设计。

2）活动空间

共生学校的活动空间应该考虑多设置诸如多功能空间、半室外空间、室外活动空间、屋顶平台空间等的多元化空间。

首先，为了方便开展生产学习讲座、传统文化学习课程、庆祝活动等学校与当地社区之间的文化交流活动以及满足当地居民的多样化利用需求，应该在学校里创建一个多功能室。而在此多功能室中，同样希望能够通过安装可移动的隔板代替教室的墙壁，从而使教室可以完全打开与外部空间相连接。

其次，有必要为学生的进餐、阅读、自学和小组讨论等各种活动提供一个半室外空间。另外，该空间也应该可以被当作一个不受天气影响的、具备灵活性和开放性的多功能空间。

再次，期望可以多设置一些可供学生和教师休憩、玩耍、开展自习活动的多样且具有连续性的室

表 7-1　共生学校的空间设计的建议

分类	具体空间	功能使用	空间特征
教育空间	普通教室	基础课程： 语文、数学、英语等	开放性、灵活性： 通过安装可移动的隔板或可移动的黑板来代替教室的墙壁； 可以完全向走廊和外部开放
	专科教室	基础课程： 科学、音乐、美术、体育	
	地域文化教室	面向学生和当地居民 地域、民族课程： 地域、民族的文化、习俗、地理特征、工艺、技术、技能、文字、语言 产业、行业、农业课程： 当地特有的产业、行业、农业的文化和基础知识、技术	开放性、灵活性： 可以完全向外部开放； 在学校和当地举办庆祝活动时可以成为舞台，在学生放学后或假日里还可以自由地转变成具有开放性和灵活性的多功能室，供学生进行玩耍和自习等活动
	小规模空间（读书角或小组学习室）、半开放空间	支持开展自习活动、小组学习、游戏、讨论交流等活动	设置在学生可以近距离地接触或者容易看到的地方，以便学生们可以随时使用这些空间，同时需要注意的是这些空间应该根据孩子的身体尺寸进行设计
	开放空间		与教室相连
活动空间	多功能空间	交流活动： 开展生产学习讲座、传统文化学习课程、庆祝活动等学校与当地社区之间的文化交流活动以及满足当地居民的多样化的利用需求	开放性、灵活性： 通过安装可移动的隔板代替教室的墙壁，从而使教室可以完全打开与外部空间相连接
	半室外空间	学生进餐、阅读、自学和小组讨论等各种活动	作为一个不受天气影响的，具备灵活性和开放性的多功能空间使用
	室外活动空间	学生和教师休憩、玩耍、开展自习活动	多样化、连续性
	屋顶平台空间	打乒乓球或聊天等学生和教师之间的交流和活动	与教室和办公室或者地面相连的，同时位于一层以上楼层或屋顶的开放式平台空间
地域共享设施	图书室	学生和当地居民可以在这里学习和查阅资料	向社区开放
	电脑室		
	社区集会设施	可以召开大型社区会议或者举办节庆活动的社区集会设施，使学校可以被当作社区交流中心为当地居民服务，同时也可以促进学校与当地社区之间的交流	应当设置在社区居民方便到达的地方，以便提高其利用率
	运动设施以及洗浴室	村落中的各种娱乐活动的开展和村会议的召开	向社区开放
地域特别设施	合作社	具备生产、销售和展示与该地区特有的产业相关的特色产品或文创产品的功能	可以在当地居民或外部的人方便出入的地方设置
	乡土文化展示角	创建一些可以展示当地乡土文化资料的展示角或墙面，从而可以向学生们宣传本地的传统文化工艺或者是民族的文化习俗等知识	在学生的活动线路上设置
	屋顶菜园、学校农场、产品制作室	与当地产业相关的教育课程的实践场所	向社区开放

外活动空间。

　　最后，在校舍的一层以上的楼层或者屋顶上，也应该多设置一些可供学生和教师进行打乒乓球或聊天等交流活动，同时又与教室和办公室或者地面相连接的开放式平台空间。这样就可以使一层以上的学生和教师们不用下到一层也可以在教学楼里进行丰富的室内外活动。

　　3）地域共享设施

　　共生学校中可以考虑设置一些诸如图书室、电脑室、社区集会设施、运动设施以及洗浴室等的专门设施以供学生和周边居民使用。

首先，有了可以向社区开放的图书馆和电脑室，学生和当地居民就可以在这里学习和查阅资料。其次，可以在校园中创建可以召开大型社区会议或者举办节庆活动的社区集会设施，这样学校就可以被当作社区交流中心为当地居民服务，同时也可以促进学校与当地社区之间的交流。另外，此设施还应当被设置在临近当地主路等方便居民到达的地方，以便提高其利用率。最后，校园中还可以设置一些运动设施和淋浴室，以支持村落中的各种娱乐活动的开展和村会议的召开。

4）地域特别设施

共生学校里需要考虑增设诸如产业合作社、乡土文化展示角、屋顶菜园、学校农场、当地特色产品制作室等有关当地的文化和产业的特别空间设施。首先，可以在当地居民或外部的人方便出入的地方设置产业合作社。该设施应该具备生产、销售和展示与该地区特有的产业相关的特色产品或文创产品的功能。其次，在学生的活动线路上，需要创建一些可以展示当地乡土文化资料的展示角或墙面，从而可以向学生们宣传本地的传统文化工艺或者民族的文化习俗等知识。最后，学校还可以设置向当地社区开放的能作为当地产业教育课程的实践场所的屋顶菜园、学校农场以及特色产品制作室等设施。这些设施不仅能让学生学习和实践本地相关产业的知识和技术，同时也能为当地居民提供一个互相交流学习生产技术的场所。

3. 建筑材料、技术和构造

共生学校建筑的材料、技术和构造的运用可以从"改进和活用传统的建材和技术""尝试运用新建材和新技术"以及"重视采用环保节能的材料和技术"这三方面来考虑（表 7-2）。

改进和活用传统的建材和技术，主要是指期待建筑师能够多采用瓦、竹子、木材、鹅卵石、石灰石和砖等学校所在地区的特有的建筑材料来建造学校。另外，建筑师也应该多关注对木结构、夯土墙结构、砖结构等地域性的传统构造和技术的改良与运用以及将传统构造与现代技术结合的活用方式。此外，建筑师还应该重视通过实验性研究、引入粉碎机和混合机之类的机械加工以及改善传统的作业机具等方式来弥补传统构造方式上的不足。

表 7-2　共生学校建筑材料、技术和构造的相关建议

	改进和活用传统的建材和技术	尝试运用新建材和新技术	重视采用环保节能的材料和技术
建筑材料	灵活运用瓦、竹子、木材、鹅卵石、石灰石和砖等学校所在地区的特有的建筑材料	着重开发和利用一些具有抗震性能高、自重较轻等特征的新材料	为了减轻环境的负荷，需要灵活运用具有环保与节能性质的土坯、芦苇、茅草等自然素材； 将因地震损毁的旧校舍的废弃建材，如屋顶瓦片、砖块等，作为路面或者墙面的铺装材料进行回收利用
建筑构造／技术	关注对木结构、夯土墙结构、砖结构等地域性的传统构造和技术的利用和改进以及将传统构造与现代技术结合的利用方式； 重视通过实验性研究、引入粉碎机和混合机之类的机械加工以及改善传统的作业机具等方式来弥补传统构造方式上的不足	研发具备运输方便、搭建方式简单快速等特征的新结构和技术	考虑采用太阳能集热系统、风力发电系统、沼气利用以及可循环利用资源回收系统
注意点		建筑师在尝试运用新技术或新材料的同时，也应更加重视从使用者的角度出发，创建一个照明充足、通风良好、室内环境舒适且方便使用的教学环境这一基本原则	应就节能环保的设计理念以及相关的设施的使用方法与使用者进行深入的沟通

尝试运用新建材和新技术，是指着眼于创建可抵御自然灾害的学校建筑的建筑师可以着重开发和利用一些具有抗震性能高、自重较轻等特征的新材料以及具备运输方便、搭建方式简单快速等特征的新结构和技术。同时，建筑师在尝试运用新技术或新材料的同时，也应遵守从使用者的角度出发，创建一个照明充足、通风良好、室内环境舒适且方便使用的教学环境这一基本原则。

重视采用环保节能的材料和技术，是指为了减轻环境的负荷，建筑师需要灵活运用具有环保与节能性质的土坯、芦苇、茅草等自然素材以及把屋顶瓦片、砖块等因地震损毁的旧校舍的废弃建材作为路面或者墙面的铺装材料进行回收利用。此外，建筑师也有必要考虑采用太阳能集热系统、风力发电系统、沼气利用以及可循环利用资源回收系统。与此同时，建筑师还不能忘记就节能环保的设计理念以及与其相关的设施的使用方法与使用者进行深入的沟通。

4. 学校与当地社区的联合教育和合作活动与学校建筑空间之间的关系

在共生学校的教育课程活动中最值得关注的内容是有关学校和当地社区的联合教育和合作活动，因此笔者在这里特别对其与学校建筑空间设计之间的关系进行一个梳理和总结，并将其整理在表 7-3 中。

7.2.4 共生学校的设计建设过程

1. 设计建设的流程

共生学校的设计建设流程如下（表 7-4）。

1）项目启动阶段

项目启动阶段是整个设计建设过程中最重要的一个阶段。在此阶段中，我们需要 NGO、捐赠者或建筑师负责筹集资金，期待通过公开竞赛或直接指定的方式选定建筑师，希望 NGO 或建筑师可以积极地收集当地和学校的信息，同时也更期望建筑师能够负责选定学校的场地、确定学校的规模并主动地发现当地的社会问题和教育问题。

2）方案设计阶段

在方案设计阶段，首先建筑师要以解决在项目启动阶段发现的问题为目标，在 NGO 或当地政府的协助下就学校应该具备的功能以及与社区的协作活动提出方案，并以此为基础进行方案设计。之后，需要在当地举行有关该设计方案的讨论会议，并鼓励当地居民、在校学生与教师、当地政府人员、NGO 人员、捐助者、当地建筑商与当地工匠以及外部志愿者参加会议。此外，建筑师还应该通过在当地开设工作坊的方式，与学校的运营管理者、当地居民就设计方案中的新理念和新技术进行意见交换和交流，并且在确保使用者能理解其设计理念、了解使用者对设计的意见和将要采取的管理方法的基础上，通过列举案例等适当的方法向使用者传达自己的设计理念。同时，在此阶段中，使用者也应该对设计的疑问和不明之处与建筑师进行深入交流。通过工作坊的开设与方案研讨会的召开，建筑师和使用者可以充分理解对方的想法和意见，并在对设计方案取得一定的共识之后，进入到下一个阶段。

3）初步设计阶段

在初步设计阶段，建筑师仍然需要对方案设计进行不断修正，并最好能够在当地居民、在校学生与教师、当地政府、NGO、捐助者、当地施工队与工匠以及外部志愿者的共同参与下对设计方案进行再一次的讨论之后再开展初步设计工作。

表 7-3 学校与当地社区的联合教育和合作活动与学校建筑空间之间的关系

分类	和当地社区的联合教育和合作活动			学校建筑空间设计				
	具体内容		具体的方法	设计理念	空间			设施
					教育空间	活动空间	其他	
交流活动	学校设施的开放与共享		学校向当地社区开放；为支持社区居民召开村会议或开展各项娱乐活动	模糊学校和社区的边界；将创建社区交流空间作为学校的设计理念的出发点；与周边环境、景观保持和谐		从开展社区集会和活动交流的便利性出发，在临近当地主路的地方设置学校操场和室外设施；创建可灵活对应当地社区活动的自由开放的空间		为了可以共享设施，撤去学校的围墙和大门；完善社区居民也可以利用的运动场、运动设施、浴室、图书室和集会设施
	学校和社区的活动交流		举办年度运动会或艺术节等活动时邀请当地居民到学校来和学生进行交流；和当地合作，共同开展庆祝活动、运动比赛和集会等活动					
教育课程活动	传承和普及当地的乡土文化、民族文化和工艺	面向社区居民	学校可以开办夜班和周末班，邀请当地的专家教授当地居民本地或民族的传统文化、习俗、文字、语言、手工艺和各项技能	将当地特有的文化和工艺引入设计理念；参考和活用当地传统的建筑材料、结构、建筑样式和构造方法	能够对应学生和社区居民的多种功能化利用需求的、具有灵活性的教育空间的创建；创建与当地民族的特有文化和产业相关的课程的实践场地——多样化的教育空间	能够对应学生和社区居民的多种功能化利用需求的、具有开放性、灵活性的活动空间的创建	为了向学生传达本地文化和民族文化，设置当地的乡土文化资料展示角或空间	
		面向学生	邀请当地专家为学生们定期举办有关当地本土文化或民族（尤其是少数民族）的文化、手工艺、文字和技能的讲座、学习课程以及交流活动；将与当地特有的文化特征相关的课程引入教学计划中来					
	传承和发展当地特色产业	面向社区居民	为当地居民举办有关生产学习和科学农业学习的讲座以及开设相关学习课程					通过设置屋顶花园和学校农场，为当地提供与当地产业相关的农业技术教育的时间场所
		面向学生	引入与当地产业的生产或特色有机农作物的栽培等相关的专业知识的教学活动					
产学合作项目	产学合作的实践教育活动的开展		与当地社区合作，开展与当地产业、行业或手工艺的生产和制作有关的实践教育活动		设计与教室相连的像开放空间一样的教育空间	设计可以展开合作活动的、不受天气影响且具有灵活性和开放性的半室外活动空间	创建当地产业或行业的技术开发场所；在当地居民或外部的人方便出入的地方建设负责生产、销售和展示当地特产的机构	
	创建合作社		将学校变成当地产业、行业、工艺的技术开发中心；与当地社区、居民合作，创建负责生产、销售、展示当地特产或文创产品的合作社					

表 7-4 共生学校设计建设流程的相关建议

参与者	设计建设流程						
	项目启动阶段（准备阶段）	方案设计阶段	初步设计阶段	施工图设计阶段	施工阶段		竣工后
捐助者		资金调度与管理	参加方案讨论过程	参加方案讨论过程	参加方案讨论过程	监督	参与评估最后成果、交换信息
NGO/慈善团体	选定学校用地、收集学校和资金等信息	选定捐助者和建筑师	共享信息，其提供资金，与当地政府协商	提出要求 参加方案讨论过程	参加方案讨论过程	参加方案讨论过程	监督 检查	参与评估最后成果、交换信息；与当地居民共同举办当地特产的慈善义卖活动、协助校方设计教育课程、制定将来的发展战略等参与学校运营以及发展当地经济

参与者	项目启动阶段（准备阶段）				方案设计阶段		初步设计阶段			施工图设计阶段		施工阶段				竣工后
	获得信息	发现当地的社会与教育问题	确定学校的用地和规模	收集和调度建设资金	提交提案	方案的讨论	方案设计的再调整	方案设计的再讨论	初步设计	方案的最终确定和施工的准备	施工图设计	选定施工团队和建筑材料，招募志愿者	参与和监督施工	检查	交付	竣工后
建筑师	获得信息	发现当地的社会与教育问题	确定学校的用地和规模	收集和调度建设资金	提交提案	方案的讨论	方案设计的再调整	方案设计的再讨论	初步设计	方案的最终确定和施工的准备	施工图设计	选定施工团队和建筑材料，招募志愿者	参与和监督施工	检查	交付	告知教育工作者空间的最佳使用方法；长期收集用户使用评估和环境测量数据；使用评估的研究；补充缺少的设施；教授当地工匠维护建筑物的方式
当地居民				协助		参加方案讨论过程		参加方案讨论过程		参加方案讨论过程		调度施工人员	参与施工			参与举办当地特产的慈善义卖活动
在校学生与教师						参加方案讨论过程		参加方案讨论过程		参加方案讨论过程			参与施工			参与举办当地特产的慈善义卖活动；协助收集用户使用评估和环境测量数据、使用评估的研究
当地政府部门	提供当地和学校的相关信息	协助确定学校的用地和规模	发放建设许可		提出要求（监督）	参加方案讨论过程		参加方案讨论过程		参加方案讨论过程		协助		检查		
当地施工队与工匠						参加方案讨论过程		参加方案讨论过程		协助	协助		施工			完善设备 维护建筑
志愿者						参加方案讨论过程		参加方案讨论过程		参加方案讨论过程			协助施工			协助举办当地特产的慈善义卖活动

4）施工图设计阶段

建筑师需要和当地居民、在校学生与教师、当地政府、NGO、捐助者、当地施工队与工匠以及外部志愿者共同讨论并确定最终方案之后再进行施工图的设计。另外，此时也可以在本地建设团队与本地工匠的协助下开始准备之后的施工工作。

5）施工阶段

在施工阶段，首先，建筑师可以在当地居民和地方政府的协助下选择施工团队和当地的建筑材料，并招募外部志愿者。接下来，在建筑师的指导和监督下，当地居民、在校学生与老师、当地工匠以及外部志愿者也可以共同参与学校的施工工作。

6）竣工后

在学校建设完工后，首先，建筑师应该先召开说明会，向使用者传达正确使用空间和设施的方法，并回答有关空间使用上的相关问题。之后，为了获得正确的指导和帮助，使用者也应及时向建筑师反馈使用过程中遇到的任何问题以及有关空间使用方面的意见和要求。

其次，建筑师还需要长期收集用户使用评估和环境测量数据，告知教育工作者空间的最佳使用方法，教授当地工匠维护建筑物的方式，并在必要时补充缺少的设施。

最后，NGO 人员或慈善团体也可以通过与当地居民共同举办当地特产的慈善义卖活动、协助校方设计教育课程、制定将来的发展战略等参与学校运营以及发展当地经济。

2.设计建设过程中各角色的作用

下面将对建筑师、当地政府、NGO/慈善团体、捐助者、当地居民、当地施工队与工匠、在校学生与教师和外部志愿者在学校设计和建设过程中所应该承担的责任提出建议（图 7-16）。

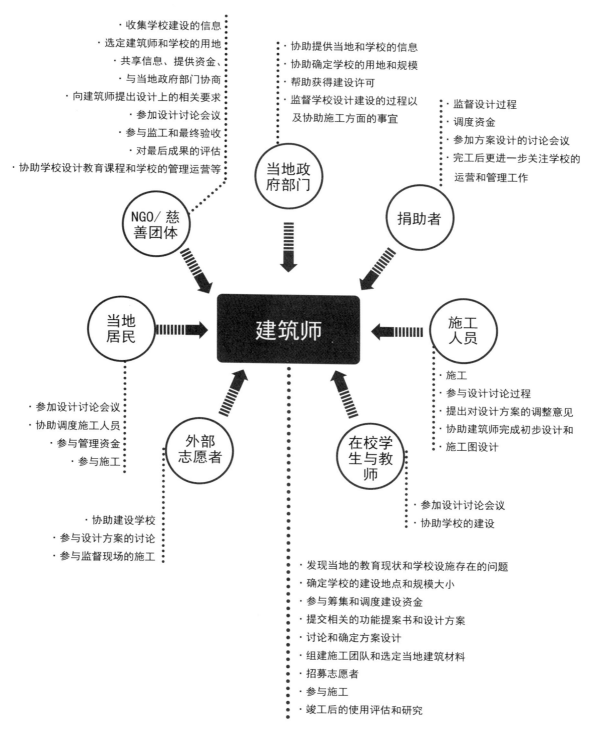

图 7-16 设计建设过程中各角色的作用

1）建筑师

在项目启动阶段，建筑师需要深入地去了解当地的教育现状和学校设施中存在的问题，确定学校的建设场所和规模大小，参与筹集和调度建设资金。在方案设计阶段，建筑师也需要以先前调研的结果为基础提出相关的功能提案书和设计方案，同时控制整个设计过程，其中包括与当地相关者就方案设计进行的讨论和决策过程。在施工阶段，建筑师应该参加组建施工团队和选定当地建筑材料，招募志愿者，并参与整个施工和监督工作。另外，竣工后进行使用评估以及支持建筑物的维护和学校的运营对建筑师来说也是非常重要的。

需要特别强调的是，建筑师在促进学校与当地社区之间的合作活动的开展中扮演着至关重要的角色。因此，期望建筑师能够通过创新型的设计来促进学校与当地社区之间的合作活动的开展，加强灾后的重建工作。在设计学校之前，建筑师应基于对当地的文化、产业和技能等现状的调查结果，向学校提出创造一些与社区合作和当地的特色相关联的教育课程和活动的请求。之后再对符合其提议的教育课程和活动要求的空间进行设计（图7-17）。

总结来说，希望小学的建筑师需要具备以下三种能力。

（1）从建筑的角度出发，主动积极地发现各种当地社会问题，之后能够用设计去解决这些问题。

（2）不仅在硬件方面，还能在活动和功能等可以解决问题的软件方面给出一定的解决方案。

（3）不只停留在设计阶段，还要能深入整个建设过程；不仅能够设计"空间"，还可以设计"设计建设过程"。

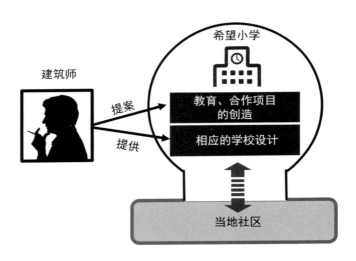

图7-17　建筑师的使命

2）当地政府部门

当地政府部门可以协助提供当地和学校的相关信息和确定学校的用地和规模，帮助获得建设许可，监督学校设计建设的过程以及协助施工方面的事宜。

3）NGO/慈善团体

NGO/慈善团体在项目的启动期需要收集学校建设的信息，通过公开竞赛等方式遴选建筑师、选定学校的用地、与建筑师共享信息、提供或调度资金以及与当地政府部门进行协商等。在方案设计阶段，NGO/慈善团体也可以站在学校的立场对建筑师提出设计上的相关要求，同时参与设计方案的讨论过程。到了施工阶段，NGO/慈善团体还应该重视调度人员和建材等当地的资源、参与监工、最终验收以及对最后成果的评估。此外，期待他们也能通过召集相关专家来协助学校设计一些新颖的教育课程和学校的管理运营等。

4）捐助者

捐助者有必要监督整个设计过程、调度资金以及参加方案设计的讨论会议。此外，捐助者也应该在学校建设完工后持续关注学校之后的运营和管理工作。

5）当地居民

在方案设计阶段，当地居民有必要参与设计过程，并对学校所应具备的功能提出要求和建议，同时对设计方案提出意见和建议。另外，在建设过程中，当地居民也可以积极参与对施工人员、建筑材料等的调度以及对资金的管理。而到了施工阶段，当地居民也应该参与学校的施工工作。

6）当地施工队与工匠

当地施工队特别是当地的工匠应该积极地参与设计方案的讨论过程，向建筑师传达当地的施工技术的现状和限制，并为实现在当地的实际施工条件下也能建成的设计方案给出调整意见。另外，对于利用当地的传统建造方式的设计方案，工匠也有必要利用自身的经验与建筑师商议最适合当地的建造方式，并协助建筑师完成初步设计和施工图设计。

7）在校学生与教师

作为建筑的使用者，无论是在校学生还是教师，都需要积极地参与方案设计的讨论会议，并向建筑师提出自己的要求和意见。此外，在施工阶段，他们也应该积极协助学校的建设活动。

8）外部志愿者

拥有不同的文化背景、教育背景和设计背景的外部志愿者（包括各国的大学生、关心慈善活动的建筑师等）也应积极参与方案设计的讨论会议，并提出自己的意见和建议。另外，在施工阶段，参与学校的建设工作对他们来说也是非常有必要的。

参考文献

1) 楊　雲．中国における高等教育の市場化と機会均等性 [D]．新潟大学，2009．（日语）

2) 財団法人自治体国際化协会（北京事务所）．中国の義務教育 [J]．CLAIR REPORT，2008（325）．（日语）

3) 周　博，西村伸也，高橋百寿．中国大連市における小学校の建築計画に関する研究（教育改革と教室の使われ方について）[J]．日本建築学会学術講演梗概集，1996（E-1）：45-46．（日语）

4) 张宗尧，李志民．中小学建筑设计 [M]．北京：中国建筑工业出版社，2000．

5) 尚　華，金　俊豪，本庄　宏行，三橋　伸夫．中国の小学校における空間利用に関する研究：広州市真光小学校を事例に [J]．Summaries of technical papers of Annual Meeting Architectural Institute of Japan. E-1, Architectural planning and design I, Building types and community facilities, planning and design method building construction system human factor studies planning and design theory，2008（2008）：91-92．（日语）

6) 中华人民共和国教育部．2009 年全国教育事业发展统计公报

7) 陈金芳．素质教育基本理论研究 [M]．北京：中国科学技术出版社，2011．

8) 于述胜，李兴洲，倪烈宗，等．中国教育三十年：1978 ～ 2008[M]．成都：四川教育出版社，2008．

9) 柳斌．以邓小平教育理论为指导，扎扎实实推进素质教育 [M] // 陆炳炎，王建磐．素质教育：教育的理想与目标．上海：华东师范大学出版社，1999：1-8．

10) 于莉莉．1980 年代以降の上海における素質教育の展開 [J]．日本教育学大会研究発表要項，2007（66）：122-123．（日语）

11) 袁贵仁．人的素质论 [M]．北京：中国青年出版社，1993．

12) 陆炳炎，王建磐．素质教育：教育的理想与目标 [M]．上海：华东师范大学出版社，1999．

13) 韩嘉玲．小而美：农村小规模学校的变革故事 [M]．北京：教育科学出版社，2018．

14) 猪熊纯，成瀬友梨．成瀬／猪熊建築設計事務所．シェア空間の設計方法 [M]．京都：株式会社　学芸出版社，2016．（日语）

15) 小嶋一浩．アクティビティを設計せよ！学校空間を軸にしたスタディ [M]．东京：彰国社，2000．（日语）

16) 朱开轩．全面贯彻教育方针　积极推进素质教育：在全国中小学素质教育经验交流会上的讲话 [J]．人民教育，1997（10）：6-10．

17) 杨银付．素质教育若干理论问题的探讨 [J]．教育研究，1995，16(12)：35-39．

18) 周德藩．素质教育论教程 [M]．南京：江苏人民出版社，2000．

19) 赵中建．美国的学生"素质"及其教改基本走向 [M] // 陆炳炎，王建磐．素质教育：教育的理想与目标．上海：华东师范大学出版社，1999：103-108．

20) 石伟平．战后英国教育改革实践对我们的启示 [M] // 陆炳炎，王建磐．素质教育：教育的理想与目标．上海：华东师范大学出版社，1999：108-114．

21) 汪凌．法国的现代公民教育 [M] // 陆炳炎，王建磐．素质教育：教育的理想与目标．上海：华东师范大学出版社，1999：114-118．

22) 徐斌艳．个性与社会责任融于一体的德国教育 // 陆炳炎，王建磐．素质教育：教育的理想与目标．上海：华东师范大学出版社，1999：119-124．

23) 魏文默．中国の高等学校における「素質教育」に関する研究 [J]．论文网址：http://www.hues.kyushu-u.ac.jp/education/student/pdf/2011/2HE10044R.pdf#search=%27 魏文默『中国の高等学校における「素質教育」に関する研究』%27．（日语）

24）陈永明．日本的"素质"养成与个性教育 [M]// 陆炳炎，王建磐．素质教育：教育的理想与目标．上海：华东师范大学出版社，1999：124-131.

25）日本の『我が国の文教施策』平成 2 年度，第 II 部，第 1 章，第 3 節．（日语）

26）日本の『我が国の文教施策』平成 5 年度，，第 II 部，第 1 章，第 2 節．（日语）

27）孙静萍，丁凤新．适应 21 世纪经济发展改革我国高等院校科技人才培养模式 [J]．中国冶金教育，1999（6）：14-16.

28）李军．义务教育阶段就近入学政策剖析 [J]．教育发展研究，2007（12A）：39-43.

29）中共中央．中共中央关于教育体制改革的决定．1985-05-27.

30）友清 貴和，姫 野．中国の社会構造の変化による「社区」の形成と高齢化社会への対応に関する研究 [J]．鹿児島大学工学部研究報告，2008（50）：7-12.（日语）

31）《中共中央关于社会主义精神文明建设指导方针的决议》1986 年 9 月 28 日中国共产党十二届六中全会通过

32）中共中央 国务院．中国教育改革和发展纲要（中发 [1993]3 号）．1993-02-31.

33）国家政府部门的相关机关．中共中央关于进一步加强和改进学校德育工作的若干意见．1994-08-31.

34）全国人民代表大会常务委员会．中华人民共和国国民经济和社会发展"九五"计划和 2010 年远景目标纲要．1996-03-17.

35）国家教育委员会．关于当前积极推进中小学实施素质教育的若干意见．1997-10-29.

36）教育部．面向 21 世纪教育振兴行动计划．1998-12-24.

37）中共中央 国务院．中共中央 国务院关于深化教育改革 全面推进素质教育的决定．1999-06-13.

38）国家中长期教育改革和发展规划纲要工作小组办公室．国家中长期教育改革和发展规划纲要（2010—2020 年）．2010-07-29.

39）国务院办公厅．关于开展国家教育体制改革试点的通知，2010-12-05.

40）世界建筑 [M]．北京：清华大学出版社，2008（217）.

41）佳图文化．建筑设计手册 1：学校建筑．天津：天津大学出版社，2013.

42）覃力．中国当代建筑大系：学校 [M]．李婵，译．沈阳：辽宁科学技术出版社，2013.

43）朱竞翔．新芽学校的诞生 [J]．时代建筑，2011（2）：46-53.

44）朱竞翔，夏珩．下寺村新芽环保小学，广元剑阁县，四川，中国 [J]．世界建筑，2010（10）：48-56.

45）朱竞翔，夏珩，张东光，等．轻型建筑塑造的教育场所云南大理陈碧霞美水小学新芽教学楼 [J]．时代建筑，2013（6）：68-75.

46）李晓东．玉湖完小及社区中心 [J]．百年建筑，2006（5）：40-43.

47）林君翰，Joshua Bolchover．琴模村项目 [J]．建筑技艺，2013（2）：156-163.

48）东梅，张扬，刘小川．"以自己立足的方式"进步成长：四川茂县黑虎乡小学设计 [J]．建筑学报，2011（4）：68-69.

49）吴钢，谭善隆，周涛，等．黄山休宁县双龙小学 [J]．中国建筑装饰装修，2012（12）：278-279.

50）李晓东．福建下石村桥上书屋，福建，中国 [J]．世界建筑，2010（10）：32-39.

51）李晓东．让过去通向未来：桥上书屋 [J]．广西城镇建设，2013（8）：52-58.

52）ZHANG Qingfei．玉湖完小，丽江，云南，中国 [J]．世界建筑，2014（9）：36-43.

53）华黎．微缩城市：四川德阳孝泉镇民族小学灾后重建设计 [J]．建筑学报，2011（7）：65-67.

54) 华黎．四川德阳孝泉镇民族小学灾后重建设计回顾 [J]．城市建筑，2011（2）：87-93．

55) 吴钢，谭善隆，于菲，等．安徽省黄山休宁县双龙小学 [J]．时代建筑，2013（2）：94-101．

56) 吴钢，谭善隆．休宁双龙小学 [J]．建筑学报，2013（1）：6-15．

57) 佚名．最佳建筑奖：毛寺生态实验小学 [J]．新建筑，2009（3）：57-59．

58) 林君翰，约书亚·伯尔乔夫．木兰小学，怀集，广东，中国 [J]．世界建筑，2015（2）：88-93．

59) 土木再生．土木再生在行动 [J]．新建筑，2008（6）：55-59．

60) 朱涛，李抒青．华存希望小学，通山乡，中江县，德阳，四川，中国 [J]．世界建筑，2008（7）：54-61．

61) H. A. N. A 日建设计．云南省西畴县马蹄寨希望小学 [M]．

62) 佚名．「家として、村落の中心として」技術ボランティア活動報告，马蹄寨希望小学，中国雲南省 2013[J]．
NIKKEN Journal，2013（15）：30．（日语）

63) 殷弘，邓敬．由"过渡"而始 从坂茂的纸管校舍到过渡性建筑的探讨 [J]．时代建筑，2009（1）：72-77．

64) 张颀，解琦，张键，等．灾后重建：四川汶川卧龙特区耿达一贯制学校 [J]．建筑学报，2013（8）：62-63．

65) 佚名．寒坡希望小学 [J]．城市环境设计，2010（6）：190-191．

66) 日建设计·上海，刘鹏飞，译．马蹄寨希望小学，文山壮族苗族自治州，云南，中国 [J]．世界建筑，2012（4）：
112-113．

67) Christian Richters，王路．毛坪村浙商希望小学 [J]．住区，2011（2）：70-75．

68) 香港中文大学建筑学院．"瑶学行"：红邓小学新校舍援建计划 [J]．建筑技艺，2011（9）：233．

69) 许义兴，薛珊珊．走向民间新建筑：赤脚建筑师的田野实践 [J]．世界建筑导报，2012（5）：21-23．

70) 郭鹏宇，于萌．迎向日光的实践——智嘎寺医学院——空间的延续和反转 [J]．住区，2015（5）：56-71．

71) 刘振．里坪村小学校 [EB/OL]．gooood.hk．引用日期：2016-12-17．发布日期：2010-12-23．https://www.
gooood.cn/liping-primary-school-by-liuzhen.htm

72) 王晖．西藏阿里苹果小学 [J]．时代建筑，2006（4）：114-119．

73) Joshua Bolchover，林君翰，城村架构 (RUF)．桐江村循环再用砖学校 [J]．建筑技艺，2013（2）：175-179．

74) 林君翰，Joshua Bolchover，城村架构 (RUF)．木兰小学 [J]．建筑技艺，2013（2）：152-155．

75) 《建筑设计资料集》编委会．建筑设计资料集 3[M]．北京：中国建筑工业出版社，2005．

76) 张泽蕙，曹丹庭，张荔．中小学校建筑设计手册 [M]．北京：中国建筑工业出版社，2001．

77) 廖春苗．中国本土建筑中的希望小学 [J]．美术教育研究，2012（18）：157．

78) 张馨心．新乡土主义视野下的希望小学设计研究 [D]．长沙：湖南大学，2013．

79) 谢栋，安赟刚，罗智星．用阳光托起爱与希望：绵阳希望小学设计 [J]．太阳能，2009（9）：43-49．

80) 孔亚暐，任海东．绿色建筑的生态效能与人文理念：结合汶川地震灾区希望小学设计实践的思考 [J]．华中建筑，
2014（1）：65-68．

81) 王崇杰，房涛，岳勇．可持续发展理念在希望小学设计创作中的实践 [J]．山东建筑大学学报，2009，24（2）：
145-149．

82) 李志民．适应素质教育的新型中小学建筑形态探讨（上）：中小学建筑的发展及其动向 [J]．西安建筑科技大学学
报：（自然科学版），2000，32（3）：234-236，241．

83) 李志民．适应素质教育的新型中小学建筑形态探讨（下）：新型中小学建筑空间及环境特征 [J]．西安建筑科技大
学学报（自然科学版），2000，32（3）：237-241．

84）李曙婷，李志民，周昆，等．适应素质教育发展的中小学建筑空间模式研究［J］．建筑学报，2008（8）：76-80.

85）李玉泉．适应素质教育的城市小学校室内教学空间研究［D］．西安：西安建筑科技大学，2007.

86）李洁．适应素质教育的城市中小学教学单元研究［D］．西安：西安建筑科技大学，2003.

87）王蓉．适应素质教育的农村小学校设计模式初探——以陕北榆林地区为例［D］．西安：西安建筑科技大学，2008.

88）李曙婷．适应素质教育的小学校建筑空间及环境模式研究［D］．西安：西安建筑科技大学，2008.

89）王宇洁．适应素质教育的小学校园儿童游戏空间形态探析［D］．西安：西安建筑科技大学，2004.

90）张婧．适应素质教育的中小学建筑空间及环境模式研究：借鉴国外经验适应素质教育的小学建筑空间环境初探［D］．西安：西安建筑科技大学，2006.

91）韩丽冰．适应素质教育的中小学建筑空间灵活适应性研究［D］．西安：西安建筑科技大学，2007.

92）周玄星．″素质教育″与现代中小学校园规划设计研究［D］．广州：华南理工大学，1998.

93）孙友波．教育模式下的中国中小学建筑设计研究［D］．南京：东南大学，2002.

94）邓小军．开放式小学校教学楼建筑设计研究［D］．沈阳：沈阳建筑工程学院，2003.

95）田中 重好，唐燕霞，中村 良二．中国進出日系企業の基礎的研究［J］．JITPT 資料シリーズ,2013(121)：第 2 章 マクロな現代中国の社会変動と労使関係－中国社会構造の変動と社会的調整メカニズムの喪失．（日语）

96）田中信行．中国から消えた農村［J］．社會科学研究，2011，62（5·6）：69-95．（日语）

97）李珊．中国の都市部における社区についての実証研究：大連市をフィールドに［D］．九州大学，2001. https://www.hues.kyushu-u.ac.jp/education/student/pdf/2001/2HE00101Y.pdf．（日语）

98）天児慧，任哲．中国の都市化：拡張、不安定と管理メカニズム［M］．千葉市：アジア経済研究所，2015．（日语）

99）倉沢 進．中国の社区建設と居民委員会［J］．ヘスティアとクリオ，2007（6）：5-22．（日语）

100）関本克良．中国の地域社会と社会福祉との関連についての一考察［J］．Journal of International Center for Regional Studies, 2011（8）：57-73．（日语）

101）刘辉．加强村小建设的策略［J］．中国教育技术装备，2008（21）：8.

102）世界·識字率ランキング．http://top10.sakura.ne.jp/CIA-RANK2103R.html．引用日期：2019-08-10．发布日期：2015-07-30．（日语）

103）諏訪 哲郎．中国の新しい教育のチャレンジ－上海が PISA 断トツ１位になった理由は［J］．機関誌「地球のこども」，2014（10）：http://www.jeef.or.jp/child/201409tokusyu03/．（日语）

104）文部科学省国立教育政策研究所．OECD 生徒の学習到達度調査～2015 年調査国際結果の要約～，2016：http://www.nier.go.jp/kokusai/pisa/pdf/2015/03_result.pdf#search=%270ECD 生徒の学習到達度調査～2015 年調査国際結果の要約%27．（日语）

105）邓和平．从民族位育之道看现代乡土教育重建［J］．武汉大学学报（哲学社会科学版），2010，63（2）：301-306.

106）吴惠青，金海燕．基于综合实践活动的农村学校乡土教育研究［J］．浙江师范大学学报（社会科学版），2012（5）：106-110.

107）裴娣娜．教育创新视野下少数民族地区乡土教育的思考［J］．中国教育学刊，2010（1）：48-50.

108）张业强．以中小学课堂为基地，构建乡土教育体［J］．贵州师范大学学报（社会科学版），2013（2）：142-145.

109）谢治菊．乡土教育：概念辨析、学理基础与价值取向［J］．贵州师范大学学报（社会科学版），2011（4）：117-122．

后 记

在一个半月的田野调查过程中，我得到了很多人的帮助。随行的司机会在我听不懂当地方言时，热心地帮忙做翻译。在找不到吃饭的地方时，当地居民、学校的校长、教师还有当地的政府人员会热情地邀请我一起吃饭。而在对事先无法用电话或者邮箱提交参观申请的学校进行调研时，大多也能被临时允许进入学校做调查。另外，有的学校在得知我来自日本九州大学后，还特意对我的调查到访进行了新闻报道。当然也有学校在面对我的调查要求时表现得非常谨慎，拒绝了我进入学校参观的申请。

因为很多调研对象都位于偏远地区或山区，所以到达一所学校的路途平均所需时间大约为 3 天。我需要先坐飞机或者火车到达离其最近的城市，然后通过租车或者坐大巴的方式到达小学所在村落。坐车时间有需要两三个小时的，也有需要七八个小时的。特别是在没有高速公路的地方，甚至需要坐大巴、走山路 9 个小时以上才能到达学校所在村落。这些山路大多紧贴在悬崖边上，道路狭窄且非常危险，在这些山路上我常会看到发生过泥石流的痕迹。我的任务只是去学校做调查，我在每所学校所在地的停留时间也就是两至三天而已，但已经深刻地感受到路途的艰辛。而那些来自香港、北京等地的建筑师在从设计到建设的过程中需要多次奔赴当地考察，协调各方的关系，指导建设工作，其中艰难可想而知。所以在之后对新希望小学的建筑师们进行采访时，我问起了他们选择参加希望小学的建设工作的动机和理由。有些建筑师回答说，是因为他们想要为灾区尽一份力。有些建筑师非常诚实和直白地说，建设希望小学其实是一种双赢的事。因为这不仅会使当地得到质量较好的学校设施以及更多的外界资源和关注，而且能够让建筑师更加自主自由地实践自己的设计理念。据我所知，很多建筑师正是因为参与了新希望小学的建设，得到了很多中国国内甚至海外的重要设计奖项，从而获得了声誉并得到了更多的项目委托工作。

在调查过程中，我还有一个很大的感受就是，学校的援建工作固然重要，但在那之后的运营也同样重要。我调查的对象大多属于公立小学，只有两所小学（达祖小学和茶园小学）是民办的。他们虽然没有得到政府的资金上的大力支持，但是其运营状况仍然非常好。正如第 6 章中已经论述过的，在外部各界的帮助下，学校不仅积极创新与实践与当地文化产业相关的课程、积极帮助发展当地村落，而且还自行建立了公益平台为贫困学生筹集奖学金，并向其他的乡村小学捐献资金以及物资。其中最值得关注的是，在运营这两所学校时扮演着最重要的角色的是支持其运营的外部的慈善团体。这个慈善团体由来自不同城市的拥有不同身份的爱心人士组成。在学校重建时，他们负责提供建设资金，选定建筑师，收集建筑材料，召集当地工程队。在完成学校建设后，他们继续提供运营资金，召集支教老师，提供学校所需资源，与外部的专家和当地教师一起开发新的教育项目和活动，推动学校和当地村落的合作，并帮助发展村落。我希望其他的公立或私立学校，特别是希望小学也可以从这种自下而上的运营模式中获取有价值的经验和信息。因为利用多方的资源建设起来的希望小学，如果不能得到很好的管理运营的话，仍然不能发挥它应有的功能和作用。因此，我希望今后慈善组织或爱心人士在支援希望小学的建设时，能够更加重视对学校的运营管理工作的支持。而我今后也会继续对希望小学的运营和管理等方面进行更加深入的调研。此外，我也仍然会投入到既有利于解决农村地区多种问题的，且兼具多样性和可选择性的次世代学校模型——共生学校的开发和构筑的工作当中。

最后，我还想衷心地说一句，希望近些年在农村地区出现的这样一批新颖的小学不会只成为"一时的现象"，而是能够成为推动我国学校建筑进一步变革发展的契机和开端。另外，也期望这本书不仅能为有志于提高我国教育设施质量的建筑师提供参考，而且可以为正奋斗在乡村振兴建设前线的建筑师们带来些许启发和帮助。

茶园小学的学生们为长期支教的老师过生日